Rabia Farooq
Sabhiya Majid

Adipocinas: Papel na etiologia da Diabetes Mellitus

Rabia Farooq
Sabhiya Majid

Adipocinas: Papel na etiologia da Diabetes Mellitus

Diabetes e adipocinas: Um elo de ligação

ScienciaScripts

Imprint

Any brand names and product names mentioned in this book are subject to trademark, brand or patent protection and are trademarks or registered trademarks of their respective holders. The use of brand names, product names, common names, trade names, product descriptions etc. even without a particular marking in this work is in no way to be construed to mean that such names may be regarded as unrestricted in respect of trademark and brand protection legislation and could thus be used by anyone.

Cover image: www.ingimage.com

This book is a translation from the original published under ISBN 978-620-2-30316-3.

Publisher:
Sciencia Scripts
is a trademark of
Dodo Books Indian Ocean Ltd. and OmniScriptum S.R.L publishing group

120 High Road, East Finchley, London, N2 9ED, United Kingdom
Str. Armeneasca 28/1, office 1, Chisinau MD-2012, Republic of Moldova, Europe
Managing Directors: Ieva Konstantinova, Victoria Ursu
info@omniscriptum.com

Printed at: see last page
ISBN: 978-620-3-31092-4

Conteúdo

Lista de abreviaturas

μg	Microgram
μl	Micromolar
@	At the rate of
%	Percentage
χ^2	Chi square
A	Absorbance
∞-cell	Alpha cell
ACS	American Cancer Society
ACS	Acute Coronary Syndrome
AD	After death
ADA	American Diabetes Association
ADIPOQ	Adiponectin gene
ADIPOSE R	Adipose Receptors
ADSF	Adipose Tissue Specific Secretory Factor
aPM1	Adipose most abundant Gene transcript 1
AMPK	Adipose Mono Activated Protein Kinase
AT	Adipose Tissue
ATP III	Adult Treatment Panel III
SREBP	Sterol regulatory element-binding proteins
BAT	Brown Adipose Tissue
BC	Before Christ
BMAT	Bone Marrow Adipose Tissue
BMI	Body mass index

β- cell	Beta cell
bp	Base pair
cAMP	Cyclic AMP
CAD	Coronay Artery Disease
Ca^{2+}	Calcium
CCD	Charged Couple Device
CDCP	Centre for Disease Control and Prevention
CI	Confidence interval
cm	Centimeter
CVD	Cardiovascular disease
DSP	Diastolic Pressure
DECODE	Diabetes Epidemiology Collaborative Analysis and Diagonostic Criteria in Europe
DNA	Deoxy ribonucleic acid
dNtp	Deoxyribose nucleotide Triphosphate
DPP	Diabetes Prevention Programe
EDTA	Ethylene Diamine Tetraacetic Acid
ELISA	Enzyme linked immunosorbent assay
EtBr	Ethidium Bromide
FFA's	Free fatty acids
Fig.	Figure
FPG	Fasting plasma glucose
GDM	Gestational Diabetes
GMC	Govt. Medical College

gm	gram
H	Hour
HbA1c	Glycated hemoglobin
HDL	High density lipoprotein
HMW	High Molecular Weight
IDF	International Diabetes Federation
IL-6	Interleukin -6
IL-1	Interleukin-1
IL-12	Interleukin-12
IR	Insulin receptor
IRS-1	Insulin receptor substrate-1
IU	International units
kg/cm^2	Kilograms per centimeter square
Kg/h^2	Kilograms per height square
LCN2	Lipocolin-2
LDL	Low density lipoprotein
LepRb	Leptin receptor Rb
LMW	Low Molecular Weight
MCP-1	Monocyte chemoattractant protein 1
MetS	Metabolic Syndrome
ml	Milliliter
min	Minute
mg/dl	Milligrams per deciliter
MMW	Medium Molecular Weight
MONICA	monitoring cardiovascular

NCEP	National Cholesterol Education Program
NDM	Non Diabetic Mellitus
ng/ml	Nano grams per milliliter
nmol/L	Nanomoles per litre
nmol/mol	Nanomoles per mole
NHANES	National health and nutritional examination survey
NIDM	Non-Insulin Dependent Diabetes
NPY	Neuro peptide Y
OB	Obese
OB-R	Leptin receptor
OR	Odds Ratio
OGTT	Oral glucose tolerance test
PCR	Polymerase Chain Reaction
PG	Plasma Glucose
PPAR	Peroxisome Prolifator Activated Receptor
PPBS	Post praniadal bood glucose
PODIS	Prevalance of Diabetes in India
RBP-4	Retinol binding protein-4
RETN	Resistin Gene
RFLP	Restriction Fragment Length Polymorphism
RLM	Resistin like Molecules
rpm	Rotations per minute
SBP	Systolic Blood Pressure
S.D	Standard deviation
sec	seconds

SMHS	Shri Maharaja Hari Singh
SNP's	Single Strand Nucleotide Polymorphisms
TAE	Tris Acetic Ethylene Diamine Tetraacetic Acid
Taq	Thermus aquaticus DNA polymerase
TC	Total Cholesterol
TG's	Triglycerides
T2DM	Type 2 diabetes mellitus
TID	Type 1 Diabetes
TNF-α	Tumour Necrosis Factor Alpha
U	Units
U/ml	Units per microlitre
UV	Ultraviolet
UVB	Ultra violet B
VLDL	Very Low Density Lipid
VSMC	Vascular Smooth Muscle Cell
WAT	White Adipose Tissue
WHO	World Health Organisation
WHR	Waist Hip Ratio
^{0}**C**	Degree Celsius
<	Less than
>	Greater than
≥	Greater than or equivalent to

RECONHECIMENTO

Bem, dizer que esta é a minha tese e que trabalhei exclusivamente nela seria totalmente falso. Embora todos os louvores e agradecimentos sejam devidos apenas a *Deus Todo-Poderoso*, há também muitas pessoas que me ajudaram neste esforço.

Sabhiya Majid, Diretora do Departamento de Bioquímica da Faculdade de Medicina do Governo, Srinagar (Centro de Investigação da Universidade de Caxemira), pela sua excelente condenação construtiva, reforço perpétuo, orientação, supervisão e incontáveis recomendações que mantiveram viva e animada a confiança no meu desejo. Estou-lhe muito grato por ter sido tão prestável em todos os aspectos importantes. Devo-lhe realmente muito.

Gostaria de aproveitar a oportunidade para agradecer ao meu respeitável Co-orientador, *Dr. Shajrul Amin*, Coordenador do Departamento de Bioquímica Clínica/Professor Associado. Departamento   de Biochemistry,University of Kashmir, pelas suas valiosas sugestões ao longo de todo este trabalho.

Estou muito grato ao *Prof. (Dr.) Akbar Masood*, Diretor do Departamento de Bioquímica da Universidade de Caxemira, pelas suas ideias e aprovações durante o curso da minha investigação.

Estou sinceramente grato ao *Prof. (Dr.) Kaisar Ahmad*, Diretor/Deão do Government Medical College Srinagar, pelas suas ideias e aprovações durante o curso da minha investigação. Exprimo a minha gratidão à *Dra. Rabia Hamid*, ao *Dr. Nazir Ahmad Dar,* à *Dra. Shaida Andrabi* e ao *Prof. Bashir Ahmad Ganai*, membros do corpo docente do Departamento de Bioquímica da Universidade de Caxemira, pelas suas valiosas sugestões, orientação ou toda a ajuda, otimismo em relação ao futuro, pela sua grande ajuda e apoio sempre que precisei.

Estou grato ao *Dr. Mohammad Hayat Bhat, Professor*, Departamento de Pós-graduação em

Medicina, Faculdade de Medicina do Governo de Srinagar, por ter colaborado comigo no fornecimento de amostras e de todo o apoio clínico de que necessitei para este estudo.

Não tenho palavras para agradecer aos meus colegas, nomeadamente ao **Dr. Hilal Ahmad Wani, ao Dr. Arif Akbar e** ao **Sr. Haamid Bashir**, que sempre me ajudaram e orientaram durante todo o meu trabalho. Foram verdadeiramente os meus melhores amigos.

Aproveito este privilégio para expressar os meus sinceros cumprimentos à **Dra. Roohi Ashraf,** ao **Sr. Nasir Ahmad Naikoo,** ao **Dr. Tabasum Rashid,** à **Dra. Rafeeqa Eachkoti,** ao **Dr. Tehseen Hassan**, membros do corpo docente do Departamento de Bioquímica do Government Medical College Srinagar (Centro de Investigação da Universidade de Caxemira) pelas suas preciosas sugestões e assistência sempre que precisei.

Devo também agradecer às minhas amigas **Dra. Ahlam Mushtaq** e **Dra. Nida Hassan** pelo seu imenso apoio, amor e ajuda. Sois verdadeiramente os meus melhores amigos.

Agradeço também aos meus colegas de laboratório e juniores, **Sr. Rawoof Malik, Srta. Iyreen Malik, Srta. Inshah, Srta. Jasiya, Sr. Rauf**, pela sua preciosa ajuda quotidiana ao longo deste trabalho, sempre que necessário. Posso não me lembrar dos nomes de todas as pessoas que, de uma forma ou de outra, me ajudaram durante os meus estudos, mas estou-lhes grato e obrigado.

Agradeço a todo o pessoal não docente e técnico do Departamento de Bioquímica da Faculdade de Medicina do Governo de Srinagar (centro de investigação da Universidade de Caxemira) e do Departamento de Bioquímica da Universidade de Caxemira, especialmente ao Sr. Zahoor Ahmad, por me ter ajudado a ultrapassar os obstáculos e por me ter fornecido as informações necessárias e a ajuda na recolha de amostras.

As palavras não seriam suficientes para expressar o constante encorajamento, amor e afeto dos meus avós, do meu irmão **Owais Farooq** e da minha querida irmãzinha **Ayman Farooq**, pois eu não teria conseguido chegar a esta fase sem o seu incansável trabalho árduo, apoio, sacrifício e bênçãos eternas. Sempre me divertiram quando estava em apuros.

Agora reservo o meu agradecimento especial ao meu *Abu ji e* à minha *mãe*, sei o que fizeram por nós. Sacrificaram tudo por nós. Eu devo-vos tudo. Não sou nada sem vós. Foi tudo graças aos vossos sacrifícios que me trouxeram até este momento maravilhoso. Agradeço-vos a inspiração, o carinho, a motivação, o apoio inseparável e as orações durante os meus estudos.

Por último, *o Sr. Mudasir*, pela sua compreensão e paciência para me aturar, e não encontro palavras adequadas que possam descrever plenamente os meus agradecimentos pelo seu amor eterno e incansável.

E um grande agradecimento ao Departamento de Ciência e Tecnologia (SERB)- GOI, pelo financiamento do meu projeto de doutoramento.

RABIA FAROOQ

RESUMO

A diabetes mellitus tipo 2 é uma consequência de interações complexas entre múltiplas variantes genéticas e factores de risco ambientais. Esta doença metabólica complexa e pró-inflamatória é caracterizada por alterações nos níveis de adipocinas. Adiponectina. A leptina e a resistina são adipocitocinas importantes e demonstraram desempenhar um papel na regulação da resistência à insulina na diabetes mellitus tipo 2 e nas suas complicações associadas. Neste estudo, o nosso objetivo foi estimar os níveis de adiponectina, leptina e resistina em doentes com diabetes mellitus tipo 2, além de estudar o polimorfismo do gene da adiponectina (*ADIPOQ)* em doentes com diabetes mellitus tipo 2 e síndrome metabólica do vale de Caxemira.

O estudo incluiu 400 casos de diabetes mellitus de tipo 2, 300 casos de diabetes mellitus normal (NDM) tomados como controlos; 150 casos de síndrome metabólica e 150 controlos do Departamento de Pós-graduação em Medicina e do Departamento de Bioquímica do Govt. Os indivíduos foram também classificados com base no seu IMC e nos níveis de açúcar no sangue em jejum em quatro grupos: Grupo A1 (controlos normais saudáveis/não diabéticos não obesos); Grupo B1 (diabéticos obesos); Grupo C1 (não diabéticos obesos); Grupo D1 (diabéticos não obesos). Os níveis séricos de adipocinas foram estimados utilizando vários kits baseados em ELISA (Enzyme Linked Immunosorbent assay). O genótipo para +45 (T/G) e +276 (G/T) da variante do gene *ADIPOQ* foi determinado usando polimorfismos de comprimento de fragmento de restrição de reação em cadeia da polimerase (PCR-RFLP) em casos (diabetes mellitus tipo 2 e síndrome metabólica), bem como em controles. Além disso, os níveis de adiponectina foram estimados em vários genótipos de SNP+45 e SNP+276 entre casos de diabetes mellitus de tipo 2 e NDM/controlos.

Verificou-se que os níveis de adiponectina eram significativamente mais baixos nos casos de diabetes mellitus tipo 2 do que nos controlos (12±5,5 vs 22,5±7,9 pg/ml; p<0.0001), enquanto os níveis de leptina e resistina foram significativamente mais elevados do que nos controlos (14,3±7,4 vs 7,36±3,73ng/ml; p <0,0001) (13,4 ± 1,56 vs 7,236 ±2,129 pg/ml; p<0,0001). Entre os quatro grupos, foram observados níveis significativamente mais baixos de adiponectina e níveis mais elevados de leptina e resistina no Grupo C1 (obesos não diabéticos) do que nos Grupos B1 e C1, respetivamente. O grupo A1 (controlos normais saudáveis) mostrou uma associação não significativa quando comparado com o grupo D1 (diabéticos não obesos) em todas as três adipocinas (P>0,05). Verificou-se que os níveis séricos de adipocinas são mais afectados pela obesidade do que pela diabetes mellitus de tipo 2.

No presente estudo, também se observou que as frequências genotípicas e alélicas do SNP +45(T/G) do ADIPOQ não foram significativamente diferentes entre os casos (diabetes mellitus tipo 2 e síndrome metabólica) e os controlos (P= 0,15 para o genótipo; P= 0,3 para o alelo). Verificou-se que os níveis séricos de adiponectina eram mais elevados no genótipo TT do que no genótipo TG+GG do SNP+45, mas a associação não foi significativa. No entanto, as frequências genotípicas e alélicas do SNP +276 (G/T) do gene ADIPOQ foram significativamente associadas ao risco de desenvolver diabetes e síndrome metabólica na população da Caxemira. Verificou-se que os níveis séricos de adiponectina eram significativamente mais elevados entre os GG do que entre o genótipo GT+TT do SNP+276 do gene ADIPOQ em casos e controlos de diabetes mellitus tipo 2 (P<0,0001).

A partir do estudo, pode concluir-se que a adiposidade ou as suas complicações relacionadas com a diabetes mellitus tipo 2 e a síndrome metabólica causam alterações significativas nos níveis de adipocinas. O presente estudo fornece evidências de que o SNP+276(G/T) do gene ADIPOQ pode desempenhar um papel na etiologia da diabetes mellitus tipo 2 e da síndrome metabólica na população da Caxemira.

CAPÍTULO 1

Introdução

A diabetes mellitus é uma doença metabólica, designada por níveis elevados de glicose no sangue e está associada a complicações potencialmente fatais que afectam vários órgãos do corpo, como os vasos sanguíneos, os olhos, os rins e os nervos (Kim *et al.*, 2007; Wang *et al.*, 2013). É uma doença que dura toda a vida e afecta o potencial do organismo para utilizar a energia contida nos alimentos. A diabetes mellitus também pode ser definida como uma condição do organismo que provoca hiperglicemia. A hiperglicemia causa glucotoxicidade e lipotoxicidade, o que, por sua vez, leva a danos nos tecidos e é a principal razão das complicações diabéticas (Wild *et al.*, 2004; Chang *et al.*, 2013). Estas complicações podem incluir danos microvasculares (retinopatia, nefropatia e neuropatia), complicações macrovasculares (doença cardíaca isquémica, acidente vascular cerebral e doença vascular periférica), perda de visão, amputação de pés e pernas devido a danos nos nervos e vasos sanguíneos e até insuficiência renal (Pasinetti, 2011). Devido a estas complicações graves, está associada a uma redução da esperança de vida, a uma morbilidade significativa e a uma diminuição da qualidade de vida (OMS, 2016). As alterações do estilo de vida, os hábitos alimentares, a idade e a obesidade desempenham um papel importante na progressão da diabetes.

A diabetes mellitus está a aumentar. Outrora conhecida como uma doença dos países ricos e desenvolvidos, tem agora uma prevalência crescente em todo o lado, especialmente nos países de rendimento médio do mundo. A sua omnipresença está a aumentar a um ritmo alarmante e, em todo o mundo, surgiu como uma epidemia. De 180 milhões de casos a nível mundial em 1980, estima-se que a prevalência da diabetes tenha aumentado para mais do dobro, atingindo 422 milhões em 2014 (OMS, 2016). No ano de 2010, 194 milhões de pessoas foram diagnosticadas com diabetes em todo o mundo (Liao *et al.*, 2010; Zhu *et al.*, 2010). A prevalência global de adultos diabéticos (com idades compreendidas entre os 20 e os 79 anos) foi de aproximadamente 6,4% (285 milhões) em 2010 e esta taxa deverá atingir 7,7% nos próximos 17 anos (Shaw, 2010). Nos países desenvolvidos, prevê-se um aumento de 20% do número de diabéticos entre 2010 e 2030 e esta taxa é de 69% nos países em desenvolvimento (Shaw *et al.*, 2010), com um aumento máximo na Índia. Prevê-se que a Ásia seja o epicentro do mundo diabético (Sicree *et al.*, 2010). Em 2000, a Índia, com 31,7 milhões de pessoas, estava no topo do mapa mundial dos diabéticos, seguida da China (20,8 milhões) e dos Estados Unidos, com 17,7 milhões de diabéticos. Nessa altura, previa-se que, em 2030, 79,4 milhões de pessoas seriam afectadas pela diabetes na Índia, enquanto a China (42,3 milhões) e os Estados Unidos (30,3 milhões) também registariam um aumento significativo da diabetes.

As mortes associadas à diabetes representaram 7,11% (Zargar *et al.*, 2009). Esta doença metabólica causou 1,5 milhões de mortes no ano de 2012. Além disso, 2,2 milhões de mortes ocorrem devido a outras doenças secundárias causadas pela diabetes (OMS, 2016). A distribuição geográfica na Índia mostra diferentes padrões de incidência da diabetes. O inquérito realizado pelo National Urban Survey indicou que a percentagem mais elevada de diabéticos na Índia se situa em Calcutá (leste da Índia), com 11,7%, seguida de Nova Deli (norte da Índia), com 11,6%, e de 6,1% em Caxemira (norte da Índia), um estado do norte da Índia, Jammu e Caxemira (Zargar *et al.*, 2000). Difere de outras áreas em termos de localização, clima, quantidade de raios ultravioleta recebidos, hábitos sócio-demográficos e de estilo de vida. A incidência de diabetes mellitus tipo 2 no vale de Caxemira aumentou com a idade. No grupo etário acima dos 40 anos, a sua taxa de prevalência foi de 6% (Zargar *et al.*, 2000) e entre os adultos com idades compreendidas entre os 20 e os 40 anos, observou-se uma taxa de prevalência inferior de 2,4% (Zargar *et al.*, 2008).

A diabetes mellitus manifesta-se como Tipo 1 (menos de 10%), Tipo 2 (aproximadamente 90% de todos os casos da doença) e Gestacional (aproximadamente 3-5% de todas as gravidezes bem sucedidas). Milhões de pessoas foram diagnosticadas com diabetes mellitus tipo 2 (T2DM), e muitas mais permanecem sem diagnóstico. Pensa-se que o aumento da prevalência da DMT2 se deve a componentes genéticos e não genéticos (Cornelis e Hu, 2012). Nos últimos anos, foram tentados grandes avanços relacionados com a compreensão da base genética da DMT2 e com a utilização de tratamentos farmacêuticos como a insulina, biguanidas, sulfonilureias e inibidores da ∞-glucosidase. No entanto, estes avanços e a utilização de medicamentos antidiabéticos estão longe de ser satisfatórios devido à sua eficácia limitada e a muitos efeitos secundários indesejáveis (Kobayashi *et al.*, 2000). Consequentemente, a DMT2 continua a ser uma doença irremediável, com um mau nível de vida, elevada morbilidade e mortalidade.

A diabetes é considerada uma doença induzida pela obesidade, pelo que foi introduzido o termo "Diabesidade", que associa a obesidade e a diabetes, por Ethan Sims em 1973. O aumento da adiposidade a tal ponto que é prejudicial à saúde é a obesidade. A obesidade é um fator de risco para a diabetes, o risco de desenvolver DMT2 é nove vezes maior nos homens obesos do que nos magros (Weinstein *et al.*,2004; OMS, 2011). O aumento da atividade física ou mesmo uma redução moderada de 5% do peso corporal pode prevenir a diabetes em indivíduos obesos (Parillo e Riccardi, 2004). O efeito patológico da obesidade parece ser determinado não só pela quantidade de gordura acumulada, mas também pela sua distribuição, uma vez que o risco de desenvolver diabetes está correlacionado com uma maior quantidade de gordura abdominal (Chan *et al.*,1994 ;Carey *et al.*, 1997). A obesidade está relacionada com um estado de inflamação crónica e de baixo grau. A inflamação é o elo de ligação entre a resistência à insulina induzida pela obesidade e outras doenças relacionadas (Hotamisligil *et al.*, 2006; Maury e Brichard, 2010).

O tecido adiposo foi outrora especificado apenas como um órgão de armazenamento de gordura, mas agora, devido à sua capacidade de sintetizar e segregar citocinas, é considerado uma glândula endócrina ativa (Arner, 2005). Estes factores bioactivos apresentam propriedades pró e anti-inflamatórias, para além de outros papéis funcionais diversos (Trayhurn e Wood, 2004). Estes factores bioactivos estão envolvidos em vários processos, como as reacções imunoinflamatórias, e afectam a sensibilidade à insulina (Kershaw e Flier 2005). O desequilíbrio entre as adipocinas pró e anti-inflamatórias por qualquer mecanismo prejudicado resulta em efeitos metabólicos patológicos no organismo (Bluher, 2010). Esta desregulação das adipocitocinas segregadas a partir de células adiposas aumentadas causa várias doenças como a DMT2 (Colditz, 1995), a doença hepática gorda não alcoólica, a esteato-hepatite não alcoólica (Ratziu, 2000), a colelitíase (Ko *et al.*, 2004), a hipertensão

(Rocchini, 2004), a doença coronária (Seidell *et al.*, 1996) e o cancro (Manson *et al.*, 1995). As várias adipocinas incluem a Leptina, Adiponectina, Resistina, Fator de Necrose Tumoral (TNF-∞), Interleucina (IL-6) e muitas outras. O depósito de gordura mais ativo é a gordura visceral, uma vez que a libertação destas adipocinas bioactivas é maior na gordura visceral do que na subcutânea (Wajchenberg, 2000). Os ácidos gordos livres (AGL) no sangue aumentam devido ao aumento da atividade lipolítica na TA. A atividade anti-lipolítica da insulina é prejudicada no tecido adiposo visceral, sugerindo que o tecido adiposo visceral é mais resistente à insulina do que o subcutâneo (Van *et al.*, 2002; Kloting *et al.*, 2007; VanBeek *et al.*,2007). No entanto, ainda não se conhecem provas diretas entre a obesidade visceral e a resistência à insulina.

A primeira das adipocinas a ser descoberta foi a leptina. Esta regula o peso e outros processos fisiopatológicos, como a sensibilidade à insulina e a inflamação (Ahima e Flier, 2000). Apresenta caraterísticas pró-inflamatórias que resultam em movimento das células musculares lisas vasculares (VSMC), aumento da produção de citocinas inflamatórias, aumento da coleção de plaquetas e formação de placas ateroscleróticas (Beltowski, 2006; Stapleton *et al.*,2008). A leptina provoca efeitos metabólicos como a lipólise, a oxidação de ácidos gordos e a captação de glicose, efeitos estes parcialmente mediados pela ativação do eixo hipotálamo-sistema nervoso simpático (Minokoshi *et al.*,2002; Rodriguez *et al.*, 2003). Relativamente à DMT2, a leptina leva ao aumento dos níveis de glicose no sangue através da inibição da secreção de insulina, interferindo nos efeitos metabólicos da insulina (Ahrens e Havel, 1999). A morte das células beta (β) é reduzida pela leptina em concentrações fisiológicas e protegida em concentrações elevadas de glucose (in vivo) (Balistreri *et al.*, 2010). Os níveis séricos de leptina encontram-se elevados na DM2, na obesidade e noutras doenças metabólicas.

A outra adipocina é a adiponectina, uma proteína com um resíduo de 244 aminoácidos, produzida principalmente pelo tecido adiposo branco (WAT) e que se revelou ser um produto do aPMl (que é o gene transcrito mais abundante nos tecidos adiposos). Ajuda a modular o metabolismo (Goldstein e Scalia, 2004), aumenta a oxidação dos ácidos gordos e reduz a síntese de glicose no fígado (Lago *et al.*, 2009). Inibe o stress oxidativo e a inflamação, pelo que tem propriedades anti-inflamatórias (Rabe *et al.*, 2008). Verifica-se que a hipoadiponectinemia desempenha um papel fundamental na patogénese da obesidade e das doenças relacionadas, como a resistência à insulina (RI) e as complicações da DMT2 (Diez *et al.*, 2003; Renaldi *et al.*, 2009). Entre as adipocinas, o TNF-α, a leptina, a resistina e os AGL actuam no sentido de aumentar a RI, ao passo que a adiponectina melhora-a. A adiponectina estimula a secreção de insulina e aumenta a captação de glucose pelos músculos esqueléticos, para mediar a ingestão de alimentos e a utilização de energia (Galic *et al.*, 2009). Vários estudos em humanos mostraram que níveis baixos de adiponectina plasmática estavam associados à obesidade e à DMT2 em muitas populações (Hotta, 2000; Weyer, 2001). Foi registada uma relação inversa entre os níveis plasmáticos de adiponectina e a acumulação de gordura visceral (Cnop *et al.*, 2003). Estudos pré-clínicos revelaram que a adiponectina pode ser um biomarcador fiável para a síndrome metabólica e doenças relacionadas.

Não só os níveis de adiponectina no soro/plasma se alteram na DMT2, como também o seu gene apresenta vários polimorfismos que se encontram associados a esta doença. Os polimorfismos de nucleótido único (SNP's) mais comuns no gene da adiponectina estão associados à sensibilidade à insulina e à tolerância à glucose, bem como a níveis plasmáticos reduzidos de adiponectina (Ruchat *et al.*, 2008), uma vez que a sua localização é próxima do local dos genes responsáveis pela diabetes e adiposidade (Barseghian *et al.*, 2011). Encontram-se vários SNP associados à diabetes mellitus em populações heterogéneas de todo o mundo (Gharbi *et al.*, 2002; Vasarova e Hanson, 2003; Sanchez-Corona *et al.*, 2004; Arfa *et al.*, 2007). Recentemente, foram publicados muitos estudos sistemáticos em várias populações que revelaram uma associação significativa do polimorfismo do gene da adiponectina (*ADIPOQ*) com a DM2 (Stumvoll *et al.*, 2002; Hara *et al.*, 2002; Vasseur *et al.*, 2002). O ADIPOQ contém, grosso modo, cerca de 70 SNP's frequentes comuns. Destes SNP's, o +45 e o +276 foram os mais extensivamente investigados em muitos estudos de grupos étnicos.

A resistina, uma adipocitocina, também demonstrou uma ligação entre a obesidade e a RI, uma vez que demonstrou modificar as etapas da via de sinalização da insulina e induzir a resistência à insulina (Chen *et al.*, 2002). É identificada num sistema de rastreio para encontrar as transcrições que foram reguladas positivamente durante a adipogénese, mas que foram reguladas negativamente pelo tratamento com o agonista do recetor ativado por proliferador de peroxissoma (PPAR-γ) (Steppan *et al.*, 2001). No gene da resistina (RETN), foram identificados vários SNP (SNP +62G>A) e foi observada a sua associação com a diabetes e a hipertensão relacionada com a insulina (Tan *et al.*, 2003).

A diabetes e as complexidades que lhe estão associadas causam um grande prejuízo económico aos diabéticos, às suas famílias, aos sistemas de saúde e ao país. Assim, um doente diabético torna-se um fardo para si próprio e para a sua família e os principais factores de custo são os cuidados hospitalares e ambulatórios. Um dos principais factores é o aumento do custo das insulinas análogas, que são cada vez mais prescritas, apesar de haver poucas provas de que ofereçam vantagens significativas em relação às insulinas humanas acessíveis. O rastreio da diabetes tem implicações importantes para a saúde individual, para a prática clínica quotidiana e para as políticas de saúde pública.

Dado o importante papel desempenhado pelos adipócitos na regulação do balanço energético sistémico e na homeostase dos nutrientes, é razoável imaginar que estas células possam ser alvos terapêuticos para as doenças metabólicas. O estudo pretende avaliar os vários níveis de adipocinas e polimorfismos nos genes da adiponectina (gene *ADIPOQ*), a sua prevalência e a sua possível ligação na patogénese da doença. Isto pode ajudar no estudo do prognóstico e do diagnóstico da doença, para que possam ser tomadas outras medidas preventivas. Até à data, não foi efectuado qualquer estudo para avaliar os factores genéticos causais nos principais diabetogénios e nas estimativas de adipocinas, o que permitiria obter informações sobre a suscetibilidade, a prevenção, o controlo e o tratamento da doença.

CAPÍTULO 2

Revisão da literatura

2.1. Historial:

A história da diabetes remonta a 552 a.C., quando foi mencionada como uma doença cujo sintoma era a micção frequente pelo médico Hesy Ra, de um papiro egípcio da 3ª dinastia. Apolónio de Mênfis, em 250 a.C., formulou o termo "Diabetes", que significa atravessar, ou sifão, para uma doença que extrai dos doentes mais fluidos do que estes conseguem ingerir. No século I d.C., os gregos descrevem a diabetes como "uma fusão da carne e dos membros em urina". Nos séculos V e VI, Sushruta e Sharuka descreveram a diabetes como a associação de poliúria com uma substância de sabor doce na urina. A diabetes foi classificada por Sushruta como "Madhumeha", madhu significa mel: a urina combinada com o mel atraía as formigas. No século XI, o termo "mellitus" foi acrescentado ao termo "diabetes" por Thomas Willis, que também diferenciou a diabetes mellitus da diabetes insípida (Leonid P, 2009). Desde então, foram feitos muitos esforços para desvendar as causas profundas desta doença frequente. Foi então que se observou que o sabor doce provinha de um excesso de um tipo de açúcar na urina e no sangue (Dobson, 1776). Em 1921, Frederick Banting e Charles Best utilizaram pela primeira vez a insulina, administrando aos cães diabéticos um extrato das ilhotas pancreáticas de Langerhans de cães saudáveis (Banting *et al.,* 1991; Leonid, 2009). Os ilhéus de Langerhans foram descobertos por Paul Langerhans em 1869 (Bryan e Jenny, 2004). A modificação do estilo de vida e da dieta contribui para o desenvolvimento da diabetes e foi proposta em França por Etienne Lancereaux (1829-1910), que classificou a diabetes em diabete maigre ("diabetes magra") e diabete gras ("diabetes gorda"), equivalente à diabetes de tipo 1 e 2. A diabetes de tipo 1 e de tipo 2 foi distinguida por Sir Harold Pervical Himsworth em 1936 (Himsworth, 1936). A insulina foi o primeiro aminoácido cuja sequência foi determinada por Frederick Sanger. Em 1939, Ejnaar Lunsgaard descobriu o papel da insulina, ou seja, o transporte da glucose para as células (Levine, 1982). Em 1961, foi introduzida uma hormona antagonista, o glucagon, que era suposto aumentar os níveis de glucose no sangue e servir de tratamento para a hipoglicemia grave. O primeiro transplante de pâncreas bem sucedido foi efectuado no Hospital da Universidade de Minnesota em 1966.

Em 1971, foram descobertos os receptores para a insulina nas membranas celulares. As bombas de insulina foram descobertas em 1976. Por ter medido a insulina no corpo, Rosalyn Yalow recebeu o Prémio Nobel da Fisiologia e Medicina em 1977. Em 1979, o National Diabetes Data Group desenvolve um novo sistema de classificação da diabetes: 1) Diabetes insulino-dependente ou de tipo 1, 2) Diabetes não-insulino-dependente ou de tipo 2, 3) Diabetes gestacional e 4) Diabetes associada a outras síndromes ou condições.

2.2. Fisiopatologia

O conhecimento do metabolismo básico dos hidratos de carbono e da ação da insulina é importante para compreender a fisiopatologia da diabetes. No intestino, os hidratos de carbono são decompostos em amido e, em seguida, as moléculas de glicose são absorvidas pela corrente sanguínea, elevando os níveis de glicose no sangue. Este aumento do nível de glucose no sangue estimula as células β do pâncreas a segregar insulina. A insulina, através de vários receptores celulares específicos, facilita a absorção de glicose pelas células, que a utilizam para obter energia. A absorção de glicose pelas células resulta numa diminuição dos níveis de glicose no sangue, o que, por sua vez, resulta numa diminuição da secreção de insulina. Qualquer doença que provoque uma alteração na produção ou secreção de insulina, a dinâmica da glucose no sangue também se altera. A baixa produção de insulina diminui a absorção de glicose pelas células, causando hiperglicemia. Do mesmo modo, o aumento da secreção de insulina aumenta a captação de glicose pelas células, provocando assim hipoglicemia. A insulina é a única hormona conhecida por baixar os níveis de glicose no sangue, enquanto as hormonas glucagon, catecolaminas, hormona do crescimento, hormona da tiroide e glucocorticóides funcionam em oposição e aumentam os níveis de glicose no sangue, para além de apresentarem outros efeitos (Mealey *et al.*, 2006).

2.3. Definição e classificação da Diabetes Mellitus

A diabetes mellitus é uma doença que ocorre quando o sangue não consegue utilizar a glucose normalmente, ou afecta a capacidade do organismo para produzir ou utilizar insulina (Davita.com). Os sintomas de hiperglicemia incluem

- Poliúria

- Polidipsia

- Polifagia

- Perda de peso

- Visão turva

- Outros sintomas

Existem dois tipos principais de diabetes: Tipo terra Tipo II.

A Diabetes Tipo I (DTl) representa 5 a 10% do total de casos de diabetes. É causada pela destruição autoimune das células β do pâncreas. Este tipo de diabetes ocorre na infância, mas o seu aparecimento pode ocorrer em qualquer fase da vida. A sua incidência continua a aumentar em todo o mundo e tem graves implicações a curto e a longo prazo. Neste tipo de diabetes mellitus, "a insulina é necessária para a sobrevivência" para evitar as complicações da diabetes, como o desenvolvimento de cetoacidose, coma e morte (OMS, 1999).

- A diabetes mellitus tipo II (DM2) representa 90-95% do total de casos de diabetes, também conhecida como diabetes não insulino-dependente (DMNID) e é caracterizada pela combinação de resistência à insulina e deficiência relativa de secreção de insulina (Diagnosis and classification of diabetes mellitus, Diabetes Care, 2009). Na DMT2, o organismo não produz insulina suficiente ou as células ignoram-na. Quando os níveis de glicose no sangue aumentam devido a uma diminuição da captação de glicose pelas células, podem surgir complicações diabéticas. A obesidade é uma das caraterísticas comuns deste tipo de diabetes, que ocorre devido à interação entre factores genéticos e ambientais que conduzem à resistência à insulina (Kahn *et al.*, 2006; Robert *et al.*, 2011). Os doentes com DMT2 desenvolvem várias complicações (tanto a curto como a longo prazo), que frequentemente conduzem à morte. Para além das células β- do pâncreas, descobriu-se recentemente que as células α- estão comprometidas neste tipo de diabetes (Dunning e Gerich, 2007). Antes do desenvolvimento da DMT2, o "estado pré-diabético" ocorre quando os níveis de glicose no sangue são mais elevados do que o normal, mas ainda não suficientemente elevados para serem diagnosticados como diabetes. Durante o estado pré-diabético, tem-se afirmado que já estão a ocorrer alguns danos a longo prazo no corpo, especialmente no coração e no sistema circulatório (DePaula, 2008). A inatividade física, o tabagismo, o sedentarismo e o consumo de álcool são factores comuns do estilo de vida que são conhecidos por desenvolverem a DMT2 (Frank, 2012). O Programa de Prevenção da Diabetes (DPP) demonstra que a perda de peso através de modificações moderadas na dieta e na atividade física pode atrasar ou prevenir a progressão da DMT2 (Haus, 2010).

Diabetes Mellitus Gestacional (GDM): Este tipo de diabetes surge pela primeira vez durante a gravidez. As mulheres com antecedentes familiares de diabetes ou com excesso de peso correm um risco mais elevado de desenvolver este tipo de diabetes. Esta pode causar problemas ao bebé se não for tratada. Tanto a mãe como o bebé correm um risco acrescido de desenvolver este tipo de diabetes mesmo depois da gravidez (Harris, 1991)

2.4. Critérios para o diagnóstico de DMT2

A DMT2 é diagnosticada utilizando concentrações repetidas de glucose no plasma em jejum ou em duas horas após uma prova oral de glucose, ou seja, níveis de glucose no sangue em jejum >126 mg/dl (>7.0 mmol/l) sem sintomas, níveis de glucose de 2 horas >200 mg/dl (>11,1 mmol/l) após um teste oral de tolerância à glucose (OGTT) sem sintomas, ou níveis aleatórios de glucose no sangue >200 mg/dl (>11,1 mmol/l) com sintomas (Diabetes Care, 2003).

2.4.1. Critérios da OMS (2006) para o diagnóstico da diabetes Mellitus (W.H.O, 2006)

(1) Um teste oral de tolerância à glucose (OGTT) com uma glucose plasmática em jejum (FPG) <7,0 mmol/l (<126 mg/dl).

(2) 2 horas pós-carga de glicose (75g) >11,1 (>200 mg/dl).

(3)Um nível aleatório de glicose plasmática (PG) >11,1 mmol/l (>200 mg/dl).

(4) Os níveis de HbA1c > 6,5% identificam pessoas com DMT2 (National Health and Nutrition Examination Survey (NHANES)

2.4.2. Critérios da ADA (2016) para o diagnóstico de diabetes mellitus (ADA, 2016)

FPG >126 mg/dL (7,0 mmol/L)

Nível de glicose plasmática (PG) de 2 horas >200 mg/dL (>11,1 mmol/L) durante OGTT (75-g)

PG aleatório >200 mg/dL (11,1 mmol/l)

Hb A1C >6,5% (48 mmol/mol)

2.5. Estatísticas da diabetes tipo II: ....
2.5.1. Cenário mundial da diabetes

A diabetes mellitus tipo 2, uma doença complexa, está a aumentar a um ritmo alarmante e está a tornar-se um grande problema de saúde. Prevê-se que 366 milhões de pessoas sofram de diabetes em 2011 e que, em 2030, este número aumente para 552 milhões (OMS, 2011). Nos EUA, 15,5 milhões de homens e 13,4 milhões de mulheres foram diagnosticados com diabetes (National Health and Nutrition Examination Survey, 2012). De acordo com o relatório das Estatísticas Nacionais sobre a Diabetes de 2014, estima-se que 9,3% da população dos EUA (29,1 milhões de pessoas) é diabética, dos quais apenas 21 milhões estão diagnosticados e os restantes 8,1 milhões não estão diagnosticados (relatório das Estatísticas Nacionais sobre a Diabetes, 2014). 80% das mortes ocorrem devido à diabetes nos países em desenvolvimento (Shaw *et al.*, 2010). Entre 1985 e 2000, o número de pessoas diabéticas em todo o mundo aumentou de 30 milhões

para 171 milhões (OMS, 2006). Prevê-se que estes números aumentem para 366 milhões em 2030 e que o aumento mais notório da prevalência da DMT2 se registe entre as pessoas com 65 anos ou mais. A prevalência da diabetes era de aproximadamente 2,8% em 2000 e prevê-se que aumente cerca de 5,8% em 2030 e, entre os países desenvolvidos e em desenvolvimento, este número será superior a 48 e 82 milhões entre os adultos mais velhos (>65 anos), respetivamente (Wild *et al.*, 2004). Na Suécia, a diabetes afecta cerca de 350 000 pessoas (2,2-4,5% da população) (Eliasson et al., 2002; Jansson et al., 2007). A Fig.1 representa o mapa mundial da diabetes da Federação Internacional da Diabetes e a sua estimativa para 2040. O projeto DECODE (Diabetes Epidemiology: Collaborative Analysis of Diagnostic Criteria in Europe), composto por nove países europeus (incluindo a Suécia), estima que a prevalência da DMT2 será <10% nas pessoas com menos de 60 anos e 10-20% nas pessoas com 60-79 anos (Grupo DECODE, 2003). A razão para esta mudança na distribuição demográfica dos indivíduos afectados é tripla, ou seja, as populações globais estão a envelhecer, as complicações da DMT2 podem ser tratadas de forma mais eficiente e os comportamentos de estilo de vida que aumentam o risco de diabetes estão a tornar-se mais comuns em todos os grupos etários (Hussain *et al.*, 2007; Colagiuri *et al.*, 2009). A Índia está entre os primeiros países do mundo com mais de 32 milhões de diabéticos e prevê-se que este número aumente para 79,4 milhões até ao final de 2030 (Mohan *et al.*, 2005). 10-16% da população urbana da Índia e 5-8% da população rural estão entre os afectados (Pradeepa e Mohan, 2002; Wild *et al.*,2004). A prevalência da diabetes é de 5,9% nas zonas urbanas e de 2,7% nas zonas rurais, tal como indicado pelo Prevalence of Diabetes in India (PODIS) (Sadikot *et al.*, 2004). Os indianos têm uma resistência à insulina mais elevada do que os europeus, pelo que são mais susceptíveis de desenvolver diabetes (Yajnik *et al.*, 2002). Há menos dados disponíveis sobre a prevalência da diabetes em países em desenvolvimento como a Índia (Ramachandran *et al.*, 2004), mas os dados são importantes para planear o programa de saúde pública.

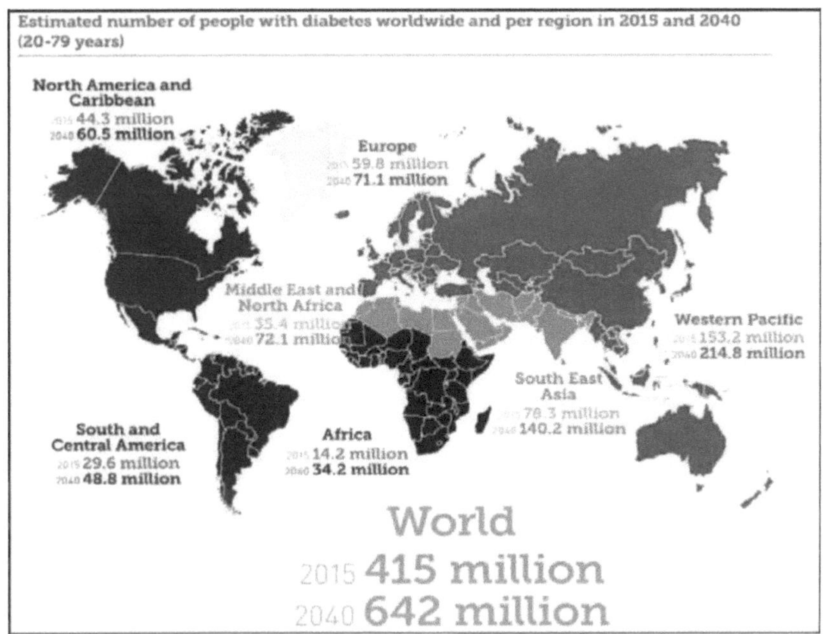

Fig.l: Mapa mundial da diabetes da Federação Internacional da Diabetes, com os números actuais por região e as projecções para 2040, se o crescimento atual se mantiver.

(FONTE: INSULINALGORITHMS)

2.5.2. Diabetes Mellitus tipo 2 no vale de Caxemira

O belo vale de Caxemira situa-se no estado de Jammu e Caxemira, na parte norte da Índia. A população é predominantemente muçulmana e de etnia uniforme. Num estudo, observou-se que a prevalência da tolerância à glicose diminuída (IGT) e da diabetes era maior nas mulheres do que nos homens da população de Caxemira (Zargar *et al.*, 2001) e que a prevalência era significativamente mais elevada nas zonas urbanas do que nas rurais (Zargar *et al.*, 2001). Zargar *et al.*, em 2008, estudaram 3032 homens jovens adultos (20-40 anos) e mulheres não grávidas para o T2DM do vale de Caxemira e observaram que a prevalência de diabetes, IGT e glicemia de jejum diminuída (IFG) era de 2,5%, 2,0%, 11,9% e 26,7%, respetivamente (Zargar *et al.*, 2008). No vale de Caxemira, um estudo recente mostrou que a prevalência de diabéticos é de 6,05% (4,03% eram diabéticos conhecidos e 2,02% eram diabéticos não diagnosticados), o que é mais do que em estudos anteriores (Javid Ahmad *et al.*, 2011). Um estudo efectuado por Mahajan *et al.* em 2013 observou que, na população da

25

Caxemira, 84% dos casos de diabetes pertenciam ao grupo de rendimento médio, 14% pertenciam ao grupo de rendimento elevado e os restantes 2% ao grupo de rendimento baixo (Mahajan *et al.*, 2013). Assim, esta doença já não é uma doença de ricos como se pensava anteriormente.

2.6.Obesidade

A obesidade é a acumulação de gordura corporal em excesso e constitui um grave problema de saúde, principalmente nos países desenvolvidos, em particular nos EUA, Canadá, Médio Oriente e Europa (Pengelly e Morris, 2009). É comum entre as pessoas que vivem em ambientes com abundância de alimentos ricos em calorias e estilo de vida sedentário. Tem uma relação mútua com mudanças económicas, sociais e de estilo de vida (International Obesity Taskforce, 2005). Na Europa, o estudo MONICA (Monitoring Cardiovascular) estimou que 15% dos homens e 22% das mulheres na Europa são obesos. A obesidade está a chegar rapidamente a um ritmo acelerado. A prevalência da obesidade no mundo é de 250 milhões, ou seja, cerca de 7% da população mundial atual estimada. A obesidade é definida como um índice de massa corporal (IMC) superior a 30 kg/m2 (International Obesity Taskforce, 2005) ou um perímetro da cintura > 94 cm para os homens e > 80 cm para as mulheres (Wang e Nakayama, 2010). Nas regiões ocidentais do mundo, a obesidade ocorre entre crianças e adolescentes, pelo que esta condição é muito alarmante (Dehghan, 2005; Ben-Sefer, 2009). O Instituto Nacional do Coração, Pulmão e Sangue classificou o IMC para adultos IMC para adultos (18-85 anos)

(1) IMC entre 25 e 29,9: excesso de peso
(2) IMC superior a 30: obeso (Karam e McFarlene 2010).

A obesidade torna os indivíduos mais propensos a uma variedade de doenças que incluem doenças inflamatórias relacionadas com a idade, como a resistência à insulina (IR), a DM2, a aterosclerose e as suas complicações, as doenças do fígado gordo, a osteoartrite, a artrite reumatoide e até o cancro (Schelbert, 2009), pelo que a obesidade atual pode ser considerada apenas como a "ponta do icebergue". O estado de obesidade é transmitido por vários mediadores inflamatórios, pelo que é caracterizado por uma "inflamação sistémica de baixo grau" (Hotamisligil *et al.*, 1993). O IMC apresenta uma correlação direta com a adiposidade. Assim, o papel do tecido adiposo no controlo dos processos fisiológicos e patológicos é importante. O tecido adiposo tem a capacidade de mediar os efeitos biológicos no metabolismo e na inflamação, contribuindo assim para a manutenção da homeostase energética e para a patogénese das complicações metabólicas e inflamatórias relacionadas com a obesidade (Wozniak, 2009).

2.7. Tecido adiposo e resistência à insulina

Os tecidos adiposos (TA "s) foram outrora considerados como tecidos de enchimento, mas com o aumento da investigação sobre o seu importante papel no equilíbrio energético e o aumento da ocorrência de distúrbios metabólicos, como a obesidade e a síndrome X, a atenção centrou-se neles e, em seguida, a descoberta da leptina e o desenvolvimento de métodos transgénicos e de knockout (Friedman *et al.*, 1998, Valet *et al.*, 2002). As TA libertam muitas adipocitocinas, que se verificou estarem envolvidas na etiologia da obesidade e da Síndrome Metabólica (SM) (Inadera, 2008; Ehrhart *et al.* 2009), pelo que são consideradas como um dos maiores órgãos endócrinos. Nos mamíferos, os TAs são de três tipos, que incluem Tecido adiposo castanho (BAT), tecido adiposo branco (WAT) e tecido adiposo da medula óssea (BMAT). A principal forma de armazenamento de energia sob a forma de lípidos para o organismo é o TAB (Himms-Hagen, 1990). Enquanto o TAB ajuda a regular a temperatura corporal em mamíferos pequenos e recém-nascidos e durante a hibernação (Nedergaard *et al.*, 1986), o TAB ajuda a controlar o metabolismo e a manter a homeostase energética, a diferenciação dos adipócitos e a sensibilidade à insulina, provocando a ativação de várias vias metabólicas e imunitárias anti-inflamatórias, afectando assim também a inflamação (Gesta *et al.*, 2007; Wozniak et *al.*, 2009). A acumulação de WAT em diferentes locais do corpo determina o desenvolvimento da obesidade e dos problemas com ela relacionados. A sua acumulação nas partes superiores do corpo é denominada "obesidade androide" ou "obesidade central", e actua como um forte fator de risco para algumas patologias inflamatórias (Cancello e Clement, 2006), enquanto que o seu excesso noutros locais inferiores do corpo dá origem à "obesidade ginóide" sem complicações metabólicas (Cancello e Clement, 2006; Gesta *et al.*, 2007).

Têm sido apresentadas muitas teorias sobre a distribuição de WAT e as suas diferentes ligações com complicações metabólicas e inflamatórias.

(a) A primeira baseia-se na distribuição da gordura corporal em diferentes locais do corpo. A composição da obesidade central/obesidade androide é tal que exsuda AGL e mediadores inflamatórios para a circulação portal, onde actuam no fígado, afectando assim o metabolismo (Gesta *et al.*, 2007).

(b) A segunda considera a natureza heterogénea das células do TAB (Gesta *et al.*, 2007). Vários genes do TAB em diferentes depósitos corporais apresentam padrões de expressão diferentes. Este facto ajuda a criar uma ligação entre a obesidade central, as complicações metabólicas e as doenças inflamatórias (Vidal, 2001; Lafontan e Berlan, 2003; Vohl *et al.*, 2004). As células que constituem o TAB incluem: Adipócitos maduros e fração vascular do estroma que contém uma variedade de outras células (i.e. pré-adipócitos, fibroblastos, células endoteliais e macrófagos (Lafontan e Berlan, 2003; Gesta *et al.*, 2007; Subramanian e Ferrante, 2009). Os adipócitos, pré-adipócitos e macrófagos são importantes para as funções metabólicas e inflamatórias do TAB, o que ajuda as suas células a segregar vários mediadores de forma parácrina ou endócrina com diferentes efeitos biológicos, determinando assim a inflamação crónica de "baixo grau" relacionada com a obesidade (Cancello e Clement, 2006; Zeyda e Stulnig, 2007; Fantuzzi, 2008; Wozniak *et al.*,2009; Subramanian e Ferrante, 2009). O tecido adiposo tem um potencial de crescimento ilimitado e um ambiente único de matriz extracelular que contém macrófagos e tem potencial de crescimento para células transformadas como as células do cancro da mama (Iyenger *et al.*, 2003). Sabe-se que o excesso de TA causa não só resistência à insulina (RI), mas também que a perda de TA está associada ao desenvolvimento de RI. As pessoas com grande tecido adiposo ou as pessoas obesas desenvolvem IR, que se caracteriza pela incapacidade da insulina para inibir a produção de glicose pelo fígado e para promover o consumo de glicose no tecido adiposo e no músculo (Saltiel e Kahn 2001; Hribal *et al.*, 2002). É um fator etiológico chave para o desenvolvimento da DMT2. A associação entre obesidade e RI é como uma relação de causa e efeito, uma vez que os estudos revelam que a perda/ganho de peso se correlaciona com o aumento/diminuição da sensibilidade à insulina (Freidenberg et al., 1988; Bak et al., 1992). Para controlar a sensibilidade à insulina, o TA segrega muitas proteínas e hormonas, como a resistina, a leptina, a adiponectina e o TNF-α, que estão envolvidas na regulação da sua fisiologia e na sua potencial implicação na IR, na obesidade e na diabetes (Maeda *et al.*, 2001; Silha, 2003). Estas adipocinas não podem afetar apenas a sensibilidade à insulina, mas também muitas reacções imunoinflamatórias (Kershaw e Flier, 2005). A acumulação de TA visceral aumenta a possibilidade de desenvolver DMT2 (Jensen, 2008). Este facto pode ser explicado por alterações nas funções do tecido adiposo em condições de obesidade (Bastard *et al.*, 2006; Hajer *et al.*, 2008; Rasouli *et al.*, 2008).

Os adipócitos sintetizam e armazenam triglicéridos, libertam ácidos gordos livres e glicerol durante o jejum (Kalderon *et al.*, 2000; Rosen e Spiegelman, 2006). Com o aumento da adiposidade, as funções das adipocitocinas também são alteradas (Kershaw e Flier, 2004; Qatanani e Lazar, 2007) (Fig. 2). Os ácidos gordos (FA "s) são libertados pelos adipócitos e, por isso, encontram-se elevados nos casos de obesidade. Randle et al., em 1963, observaram que os AGL actuam como factores endócrinos e sugeriram que a competição entre os AGL e a glicose pelo metabolismo oxidativo nas células sensíveis à insulina é a IR causada pela obesidade (Randle *et al.*, 1963). A TA controla o metabolismo de todo o corpo através da apreensão de toda a gordura, uma vez que se observa que a falta de tecido adiposo leva a um aumento dos AGL e dos triglicéridos, provoca a RI nos músculos esqueléticos e mostra uma associação entre a RI e a obesidade nos seres humanos e nos ratos (Sovik *et al.*, 1996; Shimomura *et al.*, 1998; Savage *et al.*, 2007). A resposta inflamatória é também regulada pelo metabolismo dos adipócitos, os adipócitos hipertrofiados segregam a proteína quimioatraente de monócitos 1 (MCP-1) (Sartipy e Loskutoff, 2003), que aumenta a infiltração de macrófagos em humanos obesos (Curat *et al.*, 2004), contribuindo assim para um estado pró-inflamatório que, em última análise, conduz à IR

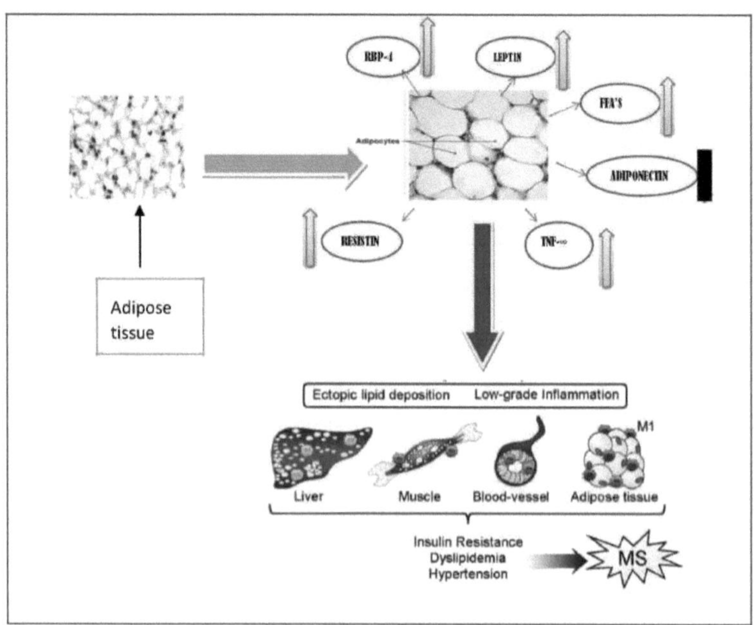

Fig. 2: Alterações associadas à obesidade na secreção de adipocinas que causam resistência à insulina e outras complicações da síndrome metabólica

EM: Síndroma metabólico

2.8. Adipócitos e diabetes mellitus tipo 2

A TA é o único órgão com capacidade de crescimento limitada em qualquer fase da vida. Os adipócitos libertam proteínas e derivados lipídicos que são pró-angiogénicos e, por isso, têm efeito na vasculatura. Devido ao aumento progressivo dos adipócitos durante a obesidade, o fornecimento de sangue aos adipócitos é reduzido, causando hipoxia (Cinti *et al.*, 2005). A hipoxia leva à produção excessiva de factores pró-inflamatórios como a proteína C-reactiva (CRP), IL-6, TNF-α, proteína de ligação ao retinol-4 (RBP4), ou lipocalina-2 (LCN2) causando necrose e infiltração de macrófagos (Bastard *et al*, 2002; 2006), o que provoca uma inflamação localizada na AT que propaga uma inflamação sistémica global associada ao desenvolvimento de complicações relacionadas com a obesidade (Tayhurna e Wood, 2004), tais como hipertensão, aterosclerose, dislipidemia, IR e diabetes mellitus, que caracterizam a síndrome metabólica (Kim *et al.*, 2007). Verificou-se que a PCR elevada (hsCRP), a IL-6 e o TNF-α estavam associados à diabetes, à IR, ao aumento da glucose plasmática e aos níveis de insulina (Pannacciulli *et al.*, 2001; Tilg *et al.*, 2008; Skalicky *et al.*, 2008; Devaraj *et al.*, 2009 ;Olson *et al.*, 2012). Os níveis plasmáticos de adipocitocinas aumentam com a quantidade de tecido adiposo, exceto no caso da adiponectina, que se verifica ser mais baixa na diabetes e na obesidade (Bastard *et al.*, 2006; Wannametthe *et al.*, 2007; Skurk *et al.*, 2007). O número de macrófagos AT também aumenta com a obesidade e a DMT2 e estes são responsáveis por quase toda a produção de TNF-α e IL-6 no tecido adiposo. A IR tipicamente precede a manifestação da diabetes tipo 2 durante muitos anos, pelo que o reconhecimento, a prevenção e o tratamento nesta fase prévia são importantes. Devido à natureza poligénica da doença e à interação complexa de diferentes factores genéticos, a identificação dos factores relevantes envolvidos no desenvolvimento da IR e na manifestação da diabetes é uma tarefa difícil.

No T2DM, a expressão do antagonista do recetor IL1 pancreático (IL-1Ra) é baixa. As elevadas concentrações de glucose induzem a produção de IL-1 nas células β, causando uma diminuição da secreção de insulina, proliferação celular e apoptose. A utilização de anakinra, uma IL-1Ra humana recombinante em doentes com DMT2, permitiu observar uma melhoria da função secretora das células β e uma redução da IL-6 e da PCR, as adipocinas que são marcadores de inflamação sistémica (Larsen *et al.*, 2007). Este facto pode provar que a alteração das adipocinas pode levar à DMT2.

Várias adipocinas importantes que têm efeito na RI e no T2DM são discutidas abaixo:

2.8.1. Adiponectina

A adiponectina, o protótipo do anti-inflamatório e a adipocitocina mais bem estudada, produzida por adipócitos maduros, foi clonada por quatro grupos de cientistas em 1995 e 1996, utilizando diferentes métodos experimentais (Scherer *et al.*, 1995; Hu *et al.*, 1996). Verificou-se que está inversamente associada à IR, à diabetes, à dislipidemia e à aterosclerose. Pensa-se que a sua produção é regulada por diferentes citocinas (Ohashi *et al.*, 2012; Turer e Scherer, 2012). É considerada um sensibilizador endógeno da insulina. É secretada na corrente sanguínea em média 0,01% do total de proteínas plasmáticas. A expressão da adiponectina é diminuída pelo TNF-α e pela IL-6, ao passo que os sensibilizadores da insulina e os agonistas do PPAR-γ demonstraram aumentar os seus níveis de expressão tanto em ratinhos como em seres humanos (Kadowaki e Yamauchi, 2005). A relação inversa entre a adiponectina e a quantidade de tecido adiposo é mais forte na gordura visceral do que na subcutânea e deve-se ao facto de os adipócitos viscerais produzirem mais adiponectina do que os adipócitos isolados da gordura subcutânea (Taksali *et al.*, 2008). Níveis circulantes de adiponectina foram encontrados para ser aumentado após a perda de peso em humanos em alguns estudos. Os polimorfismos genéticos, o sexo, as tiazolidinedionas, os factores dietéticos, o ácido linoleico e as dietas ricas em hidratos de carbono têm efeito nos níveis de adiponectina circulante (Kadowaki *et al.*,2006). Os níveis baixos de adiponectina são considerados um biomarcador da SM (Weyer *et al.*, 2001; Li *et al.*, 2009). Nos casos de anorexia nervosa e de insuficiência renal crónica, os níveis de adiponectina no plasma são elevados.

2.8.1.1. Localização e estrutura

O gene da adiponectina humana (ADIPOQ, aPMl) está localizado no cromossoma 3q27, um locus de suscetibilidade à diabetes (Kissebah *et al.*, 2000; Vionnet *et al.*, 2000) (Fig. 3), é constituído por 244 resíduos de aminoácidos. É constituída por domínios semelhantes ao colagénio e por domínios globulares semelhantes ao Clq. As partes de colagénio de três moléculas de adiponectina formam, em conjunto, uma estrutura tripla enrolada (Pajvani *et al.*, 2003). O domínio Clq-like forma a "cabeça" do glóbulo da adiponectina e partilha um elevado grau de semelhança estrutural com a parte semelhante ao colagénio: Os dímeros (forma de baixo peso molecular, LMW), os hexâmeros (forma de peso molecular médio, MMW) e os multímeros de ordem superior (forma de alto peso molecular, HMW) são várias formas oligoméricas da adiponectina (Fig. 4). As ligações dissulfureto, bem como algumas ligações formadas pela participação de resíduos de aminoácidos modificados no domínio do colagénio da adiponectina, ajudam a manter unidas as subunidades da forma HMW da adiponectina. Os oligómeros de adiponectina ligam-se a iões Ca2+, o que ajuda a manter a estabilidade conformacional da adiponectina (Schraw *et al.*, 2008). As formas oligoméricas da adiponectina existem na corrente sanguínea como componentes separados. (Wang *et al.*, 2002) A adiponectina do plasma humano foi isolada como proteína de ligação à gelatina 28

(Nakano *et al.*, 1996). A sua concentração no sangue é determinada por ELISA e verificou-se que é de cerca de 3-30 μg/ em humanos (Arita *et al.*, 2002). Foram registados cerca de 70 SNP's no gene *ADIPOQ*.

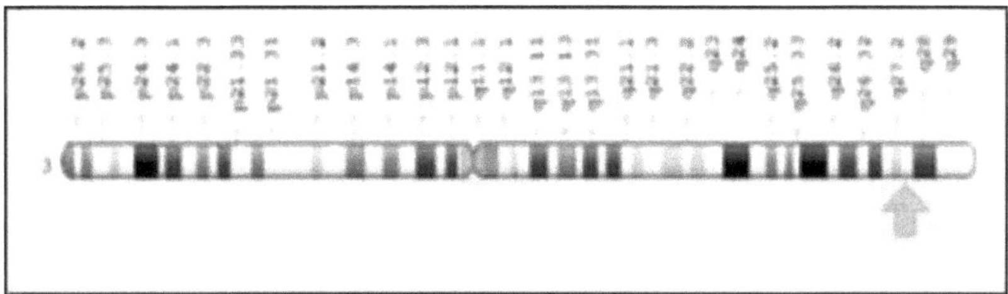

Fig. 3: Localização cromossómica do gene ADIPOQ

(Fonte:Genetics Home Reference:NIH)

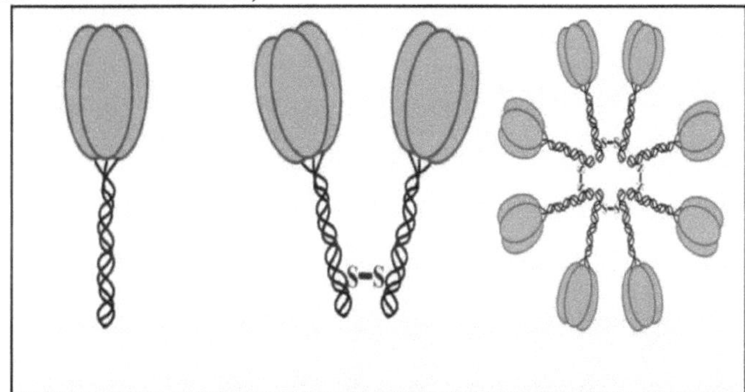

Fig. 4 : Representação esquemática das formas oligoméricas da adiponectina.

A:TRIMER

B:HEXAMER

C:OLIGOMER

(Fonte:Hytest News-Adiponectina

2.8.1.2. Adiponectina e diabetes

Os receptores de adiponectina (Adipo R) 1 e 2 são expressos principalmente no cérebro e nos tecidos periféricos, onde ajudam no metabolismo dos ácidos gordos e regulam a homeostase energética (Kadowaki e Yamauchi, 2005). Verificou-se que os níveis de expressão genética da adiponectina são mais baixos nos casos de DMT2 do que nos não diabéticos (Kadowaki *et al.*, 2006). Estudos realizados em modelos animais revelaram que os ratinhos deficientes em adiponectina desenvolveram IR, diabetes, hiperlipidemia, alterações vasculares, espessamento neointimal e aumento da proliferação de células musculares lisas nas artérias após lesão, o que significa uma suscetibilidade à aterosclerose, e que a administração de adiponectina conduz a uma diminuição dos níveis de glucose circulante tanto em ratinhos normais como em modelos diabéticos. O mecanismo subjacente ao papel da adiponectina na sensibilidade à insulina é o facto de reduzir a gluconeogénese hepática em ratinhos, diminuir a acumulação de triglicéridos no fígado (Kadowaki e Yamauchi, 2005) e provocar um aumento da oxidação dos ácidos gordos, reduzindo assim a deposição ectópica de gordura nos músculos (Kadowaki *et al.*, 2006), melhorando assim globalmente a transdução do sinal de insulina. A expressão excessiva de adiponectina em ratos mostrou uma normalização da glicose, uma diminuição da inflamação sistémica e uma redução acentuada da formação de lesões ateroscleróticas. 3.599 homens não diabéticos foram acompanhados durante 5 anos num estudo, tendo-se verificado que a hipoadiponectinemia estava associada a um risco acrescido de diabetes de tipo 2. Os mesmos resultados foram encontrados num estudo de coorte de participantes afro-americanos e caucasianos do Atherosclerosis Risk in Communities Study e do Hoorn Study (Duncan *et al.*, 2004; Snijder *et al.*, 2006).

A adiponectina afecta o metabolismo da glicose e dos lípidos através da fosforilação da proteína quinase activada por monofosfato de adenosina (AMPK), que provoca a ativação da fosforilação da acetil CoA carboxilase, a oxidação dos ácidos gordos e o aumento da captação de glicose pelos miócitos e diminui as enzimas envolvidas na gluconeogénese no fígado, o que leva à redução dos níveis de glicose. Os níveis de expressão do PPAR-α também são aumentados pela adiponectina, que protege o tecido adiposo da inflamação, provoca um aumento da oxidação dos ácidos gordos, o que leva a uma diminuição do teor de triglicéridos no fígado e nos músculos esqueléticos, aumentando assim a sensibilidade à insulina. O PPAR-α reforça a ação da adiponectina ao provocar um aumento tanto da adiponectina como dos seus receptores, o que resulta na melhoria da resistência à insulina induzida pela obesidade (Kadowaki e Yamauchi, 2005; Kim *et al.*,2007). Em vários estudos, foram observadas fortes associações entre a adiponectina, a função endotelial e as doenças cardiovasculares (Kumada et al., 2003). A diminuição da expressão da molécula de adesão intracelular-1, da E-selectina e da molécula de adesão celular vascular-1 pela adiponectina é responsável pelos seus efeitos anti-ateroscleróticos. A adiponectina também inibe a expressão do recetor scavenger classe A-1 associado aos macrófagos, causando assim uma diminuição da formação de células espumosas. Também inibe a proliferação endotelial mediada por LDL oxidada e a formação de espécies reactivas de oxigénio que causam danos vasculares. Em muitos estudos, observa-se uma associação significativa entre a adiponectina e o risco de DCV, mas em alguns estudos prospectivos e de caso-controlo esta associação é comparativamente moderada ou não significativa (Sattar *et al.*, 2006).

Em vários estudos, foi referido que muitos SNP "s e mutações no gene da adiponectina estão associados à diabetes e à hipoadiponectinemia (Kadowaki T, Yamauchi T, 2005). Sabe-se que a localização do gene *ADIPOQ* (3q27) regula a sensibilidade à insulina e a homeostasia da glucose. Entre os cerca de 70 SNP "s conhecidos *do ADIPOQ*, dois SNP "s comuns em vários estudos (45T>G) no exão 2 e (276G>T) no intrão 2 têm sido objeto de interesse (Menzaghi *et al.*,2002; Zacharova *et al.*, 2005; Yangsoo *et al.*, 2005; Takhshid *et al.*, 2015), devido à sua frequência relativa e associação com a diabetes tipo 2 e com muitos parâmetros deMetS(Fig.5).

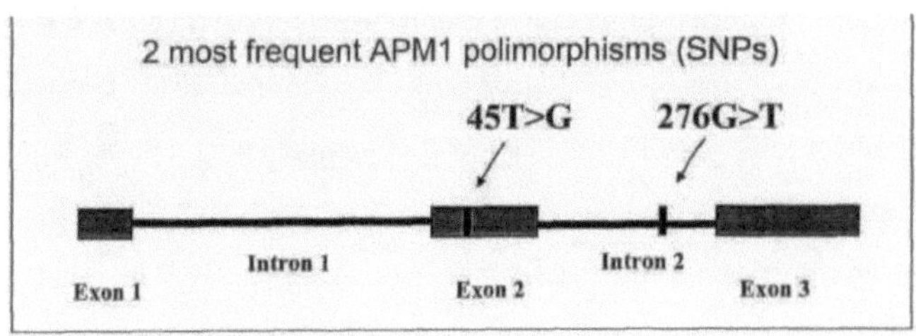

Fig. 5: Esquema do gene da adiponectina

O SNP 45T>G no exão 2 do gene da adiponectina foi estudado pela primeira vez por Takahashi (Takahashi *et al.*,2000) no Japão, onde foram observados níveis mais baixos de adiponectina no plasma em portadores do alelo G do SNP +45. Mas o estudo não foi considerado estatisticamente significativo. Noutro estudo realizado na Alemanha, verificou-se que o alelo G do SNP 45T>G estava associado à obesidade, a níveis mais elevados de insulina e a uma sensibilidade reduzida à insulina em indivíduos não diabéticos (Stumvoll *et al.*, 2002). Na população japonesa, o SNP +276 G>T também foi encontrado para ser associado com IR, o genótipo G/G foi observado como um fator de risco para T2DM (Hara *et al.*, 2002). Na população chinesa, o SNP+45 GG apresentou maior risco de SM do que o genótipo SNP+45 TT ou TG e os indivíduos com genótipo SNP+276 TT ou TT+TG apresentaram níveis mais elevados de adiponectina sérica do que os indivíduos com alelo GG (Li *et al.*,2015). Num estudo de meta-análise, não foi encontrada qualquer associação entre o polimorfismo SNP+276 e a DM2 na população Han de Yunnan. No entanto, os resultados da meta-análise observaram que o alelo SNP+45G pode atuar como um alelo de suscetibilidade para a DM2 na população Han chinesa (Li *et al.*,2011).

2.8.2.Leptina

A leptina (do grego leptos, "magro") (Halaas *et al.*, 1995;Neill *et al.*,2010), a "hormona da saciedade" ou hormona da fome, produzida pelos adipócitos, foi identificada pela primeira vez em 1994 (Zhang *et al.*,1994) e foi a primeira adipocina descoberta (Conde et al., 2011). Os níveis de leptina são diretamente proporcionais ao grau de adiposidade, ou seja, à quantidade de tecido adiposo (Brennan et al., 2007; Hartge *et al.*, 2007; Hajer *et al.*, 2008). Verificou-se que os níveis de leptina estão associados à RI, à obesidade e à doença arterial coronária (DAC) (Wallace *et al.*, 2001; Qi *et al.,* 2008). O início da puberdade humana, a resposta inflamatória, a hematopoiese, a angiogénese, a formação óssea e a cicatrização de feridas são os processos biológicos afectados pela leptina (Fantuzzi *et al.*, 2000; Takeda *et al.*, 2002). Nos indivíduos com IMC mais elevado (obesos) e maior percentagem de gordura corporal total, os níveis de leptina no soro são mais elevados (Schwartz *et al.*, 1996; Rabia *et al.*, 2016). A leptina é libertada para a circulação pelos adipócitos, atravessa a barreira hemato-encefálica através da circulação e envia sinais ao cérebro sobre as reservas de energia do corpo, regulando assim o peso corporal e a homeostase energética, tal como observado em vários estudos realizados em roedores (Pelleymounter *et al.* ,1995; Halaas *et al.*, 1995). A leptina influencia a atividade de vários neurónios hipotalâmicos e a expressão de vários neuropeptídeos orexígenos e anorexígenos. É regulada pela grelina, que bloqueia a ação da leptina através da ativação da via dos receptores hipotalâmicos NPY/Y1, controlando assim a ingestão de alimentos e o peso corporal (Shintani *et al.*, 2001; Nakazato *et al.*, 2001; Sahu *et al.*, 2004). A primeira prova genética em humanos de que a leptina actua como um importante regulador do equilíbrio energético foi observada em casos de obesidade por Montague e seus colegas (Montague *et al.*, 1997).

2.8.2.1. Localização e estrutura

A leptina, produto do gene da obesidade humana (OB), localizado no cromossoma 7 (7q31.3) (Fig. 6) (Zhang et al., 1994), é composta por três exões e dois intrões (Isse *et al.,* 1995). É constituído por 166 aminoácidos (Masuzaki *et al.*, 1995). No homem, apenas uma espécie de ARNm da OB foi encontrada em excesso (Masuzaki *et al.*, 1995). A leptina é produzida em pequenas quantidades noutros tecidos humanos, como o estômago, o epitélio mamário, a placenta e o coração (Green *et al.*, 1995; Casabiell *et al.*, 1997) e é muito expressa no hipotálamo.

O LEPR ou OBR é o recetor da leptina sobre o qual a leptina actua. Está localizado no cromossoma 1 (1p31) e é composto por 18 exões, 17 intrões e 1162 aminoácidos (Meier *et al.*, 2004). OB-Rb, o domínio intracelular mais longo do gene OBR, é expresso no hipotálamo e na parte do cerebelo do cérebro humano (Burguera *et al.*,2000; Shintani *et al.*,2001; Nakazato *et al.*,2001; Hegyi *et al.,* 2004). O gene OBR também é expresso na vasculatura humana, no estômago e na placenta (Henson *et al.*, 1998; Sobhani *et al.*,2000).

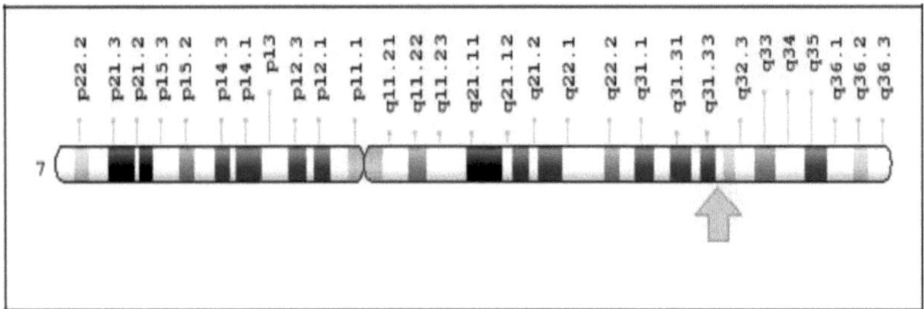

Fig. 6: Localização cromossómica da leptina

(Fonte: LEP Gene- Genetics Home Reference:NIH)

2.8.2.2. Leptina e diabetes

A administração de leptina em ratos com DM1 mal controlados mostra reverter a hiperglicemia e este efeito antidiabético ocorre através da supressão da produção de glucagon ou da sua capacidade de resposta ou de ambos. No entanto, os mecanismos responsáveis pelo efeito antidiabético da leptina permanecem pouco conhecidos. Shimomura *et al.* observaram no seu estudo que o tratamento com leptina inverteu a resistência à insulina num modelo de ratinho knockout aP2-SREBP-1c específico da gordura de lipodistrofia generalizada congénita (Shimomura *et al.*,1999). Numerosos outros estudos estabeleceram também o papel da terapia com leptina no metabolismo da glicose e dos lípidos em casos hipoleptinémicos (Ebihara *et al.*, 2007; Chong *et al.* ,2010). Assim, está estabelecida uma ligação entre a leptina e a diabetes. A deficiência genética da leptina ou dos seus receptores provoca hiperfagia e obesidade e este efeito é observado tanto em roedores como em seres humanos (Montague *et al.*, 1997; Farooqi *et al.*,1999). Nos roedores em jejum, os níveis de leptina são baixos devido à diminuição dos depósitos de gordura e esta queda é interpretada pelo cérebro, através dos seus receptores, como um sinal para aumentar o apetite de modo a restaurar os depósitos de gordura corporal (Ahima *et al.*, 1996). Noutro estudo, a administração subcutânea diária de leptina humana metionil recombinante, em casos lipodistróficos, mostrou uma melhoria da RI, da hiperglicemia e da hipertrigliceridemia sem efeitos adversos e a melhoria foi observada mesmo após a interrupção da terapêutica com leptina (Petersen *et al.*, 2002; Oral *et al.*, 2002). No entanto, a administração de leptina recombinante a ratinhos normais diminui a ingestão

calórica e aumenta o gasto energético, provocando inicialmente a eliminação completa do tecido adiposo sem sinais de toxicidade, pelo que a leptina demonstrou o seu efeito antiobesidade (Halaas *et al.*,1995). Devido ao seu efeito anti-obesidade, a leptina foi em tempos considerada como o remédio para a pandemia de obesidade. No entanto, foram observados níveis elevados de leptina nas pessoas obesas (Maffei *et al.*, 1995) e a terapia com leptina parece ineficaz nestas pessoas resistentes à leptina, ou seja, incapazes de detetar a saciedade apesar das elevadas reservas de energia no organismo (Czyzyk *et al.*, 2000). A leptina também aumenta a oxidação lipídica hepática e a lipólise nos adipócitos
(Wan *et al.*, 2006). A terapia com leptina é atualmente eficaz para tratar a obesidade com deficiência congénita de leptina (Farooqi *et al.*, 1999; Farooqi *et al.*, 2009).

2.8.3. resistina

A resistina (ou "resistência à insulina"), também conhecida como fator de secreção específico do tecido adiposo (ADSF) ou proteína secretada rica em cisteína específica dos mieloides regulada por C/EBP-epsilon (XCP1), foi descoberta recentemente em ratinhos no ano de 2001 e o seu nome deve-se à sua capacidade de resistir ou interferir com a ação da insulina (Steppan *et al.*, 2001). Sabe-se que a resistina desempenha um papel fundamental entre a obesidade, a IR e a diabetes. Para além dos adipócitos (Steppan *et al.*, 2001; Rajala *et al.*, 2002), a sua expressão encontra-se também em leucócitos mononucleares, macrófagos, epitélio intestinal e astrócitos (Morash *et al.*, 2002), células musculares esqueléticas (Nogueiras *et al.*, 2003), células do baço e da medula óssea. Pertence a uma zona inflamatória 3 e a um fator secretado pelos adipócitos (Banerjee e Lazar, 2001; Steppan *et al.*, 2001; Schinke *et al.*, 2004). Pertence a uma família de moléculas semelhantes à resistina (RLM) com diferentes padrões de expressão e efeitos biológicos (Steppan *et al.*, 2001). A principal fonte de resistina no rato é o tecido adiposo (Juan *et al.*, 2003), enquanto nos seres humanos a sua principal fonte são os monócitos sanguíneos circulantes, embora também sejam segregados níveis baixos pelo tecido adiposo (Savage *et al.*, 2001). A concentração sérica de resistina em humanos varia de 7 a 22 ng·ml$^{\wedge 1}$.

2.8.3.1. Localização e estrutura

A resistina humana está localizada no cromossoma 19, ilustrado na Fig. 7, e no cromossoma 8 nos ratos. Trata-se de uma hormona peptídica derivada do tecido adiposo, de 12,5 kDa, rica em cisteína, que nos seres humanos é codificada pelo gene RETN (Wang *et al.*, 2002). É composta por 108 aminoácidos e no rato e na ratazana é composta por 114 aa. Os segmentos maduros da proteína resistina apresentam 55% de semelhança de aminoácidos entre ratinhos e humanos (Steppan *et al.*, 2001; Ghosh *et al.*, 2003). Os genes têm regiões promotoras diferentes, pelo que os mecanismos de regulação, a distribuição nos tecidos e as funções são diferentes (Ghosh *et al.*, 2003; Yang *et al.*, 2003). A resistina liga-se através de ligações não covalentes, isto é, ligações dissulfureto e não dissulfureto, e forma homodímeros e multímeros (Banerjee e Lazar, 2001; Chen *et al.*, 2002). Mas a formação destes dímeros ou multímeros não é importante para a sua bioatividade (Juan *et al.*, 2003). A proteína resistina madura tem a capacidade de formar oligómeros, pelo que circula em várias isoformas de baixo e alto peso molecular (Gerber *et al.*, 2005).

cromossoma 19 - NC_000019

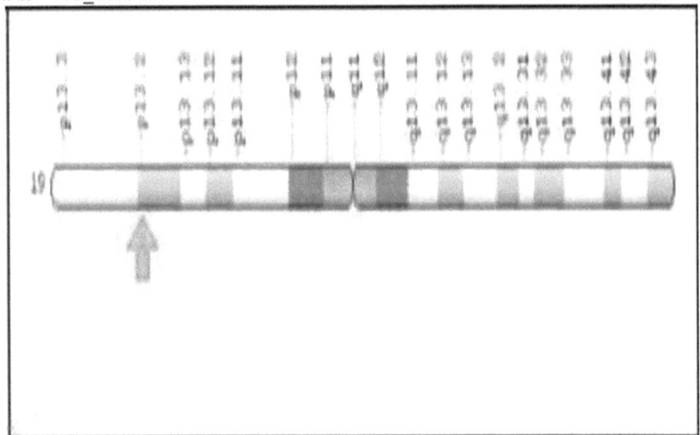

Fig. 7: Localização cromossómica do gene da resistina

Fonte: Gene RETN: Genetics Home Reference-NIH

2.8.3.2. Resistina e diabetes

A resistina humana foi descrita como um fator que contribui para o desenvolvimento da IR e da diabetes mellitus. Os seus níveis estão aumentados em casos de obesidade e diabetes

(Steppan *et al.*, 2001; Gerber *et al.*, 2005). Desempenha um papel importante na modulação de doenças metabólicas, inflamatórias e auto-imunes, para além de uma variedade de outros processos biológicos, como a aterosclerose, a DCV, a doença hepática gorda não alcoólica, a doença autoimune, a malignidade, a asma, a doença inflamatória intestinal e a doença renal crónica, para além da sua ligação positiva com a IR e a diabetes (Filkova *et al.*, 2009; Gnacinska *et al.*, 2009). No modelo de ratinho obeso, foram observados níveis elevados de resistina no plasma e a administração de um anticorpo anti-resistina aumentou a sensibilidade à insulina. No entanto, a administração de resistina recombinante a ratinhos saudáveis mostrou intolerância à glicose e ação da insulina, ao passo que a indução de resistina em ratinhos normais mostrou uma diminuição da captação de glicose induzida pela insulina nos adipócitos. Assim, concluiu-se que a resistina desempenha um papel fundamental na IR e na obesidade no modelo de ratinho diabético. O modelo de ratinho não pode ser utilizado para estudar o metabolismo humano devido aos diferentes locais de produção de resistina em ratinhos e humanos (Savage *et al.*, 2001, Sheng *et al.*, 2008). Num estudo, verificou-se que os níveis de ARNm da resistina eram mais elevados em mulheres diabéticas com DMT2 quando comparadas com mulheres saudáveis, apoiando assim o seu papel na patogénese da diabetes (Tsiotra *et al.*, 2008). Num estudo com 125 casos diabéticos jordanos, verificou-se que os níveis séricos de resistina eram mais elevados nos doentes diabéticos obesos do que nos controlos obesos não diabéticos (Gharibeh *et al.*, 2010), mas não foi encontrada uma associação significativa entre a diabetes e os controlos não obesos. Este facto apoia o papel da resistina na obesidade e na RI nos seres humanos, que parecem contribuir para o desenvolvimento da diabetes. Noutro estudo, verificou-se que os níveis de resistina eram mais elevados em doentes com DMG (21,9 ng·ml^{-1}) do que em mulheres grávidas normais (19,03 ng·mL^{-1}) e mulheres não grávidas (14,8 ng·ml^{-1}, $P < 0,0001$) (Kuzmicki *et al.*, 2009). Os níveis de resistina e IL-6 também se mostraram mais elevados em casos com diabetes e um "pé diabético" quando comparados com pacientes com diabetes mas sem ulceração no pé, ligando assim a resistina à inflamação (Tuttolomondo *et al.*, 2010). Alguns estudos mostraram resultados contraditórios entre os níveis de resistina circulante e o IMC, a sensibilidade à insulina ou outros parâmetros metabólicos (Janke *et al.*, 2002; Lee *et al.*, 2003; Utzschneider *et al.*, 2005).

Para além da diabetes, a resistina está a emergir como um biomarcador e um alvo terapêutico útil para a doença coronária, pois causa disfunção endotelial, actuando como um fator preditivo para a doença coronária, angiogénese, trombose e migração e proliferação de VSMC, que contribuem para a DCV. A resistina aumenta a formação de LDL nos hepatócitos e também degrada os receptores de LDL nos mesmos. Provoca a acumulação de LDL nas artérias, aumentando assim o risco de doença cardíaca. Além disso, a resistina mostrou o seu efeito adverso nas estatinas, o principal fármaco redutor do colesterol utilizado no tratamento e na prevenção das doenças cardiovasculares. Um estudo observou que os doentes com síndrome coronária aguda (SCA) apresentavam níveis de resistina sérica significativamente mais elevados do que os controlos normais. Assim, os níveis séricos de resistina também actuam como um forte fator de risco para a SCA (Wang *et al.*, 2009). Atribui-se que os níveis elevados de resistina na SCA são libertados durante a rutura das placas ateroscleróticas (Chu *et al.*, 2008). A interação entre as diferentes adipocinas é apresentada na Fig. 8.

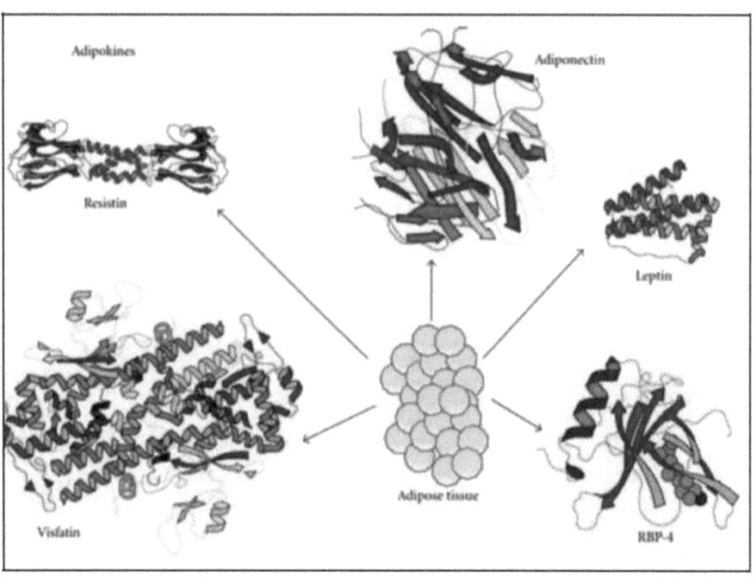

Fig. 8: Estrutura molecular das principais adipocinas produzidas pelo tecido adiposo (Fonte: Vrachnis *et al.*, 2012)

CAPÍTULO 3

MATERIAIS E MÉTODOS

O estudo foi realizado para compreender a etiologia da diabetes mellitus tipo 2 no vale de Caxemira - um estado do norte da Índia com uma elevada taxa de incidência desta doença. Todas as considerações éticas foram tidas em conta durante o estudo. O processo de recrutamento só foi iniciado após autorização ética do Comité de Ética Institucional, de acordo com as normas. Tratou-se de um estudo de caso-controlo. A população-alvo foi constituída por indivíduos com diabetes mellitus de tipo 2 e síndroma metabólica que frequentavam o Departamento de Medicina Geral e Clínica do Govt. Medical College, Srinagar e do SMHS Hospital associado, Srinagar Kashmir. O estudo incluiu 400 indivíduos com DMT2, 300 indivíduos saudáveis/controlo ou NDM. Além disso, 150 casos de SM e 150 indivíduos saudáveis/controlo.

3.1.Assuntos

Critérios adoptados para a seleção dos casos e dos controlos

Os critérios de inclusão ou exclusão de um sujeito no estudo foram formulados antes do início do estudo.

3.1.1.Casos de diabetes mellitus tipo 2

Todos os 400 casos de DMT2 foram diagnosticados por um endocrinologista no Departamento de Pós-graduação em Medicina do Hospital SMHS, Srinagar.

3.1.1.1 Critérios de inclusão

O diagnóstico de diabetes tipo 2 baseou-se nos critérios padrão da OMS.

Critérios para o Diagnóstico da Diabetes Mellitus (OMS, 2006; 2011).

(1)	Um teste oral de tolerância à glicose (OGTT) com uma concentração de glicose no plasma em jejum >7,0 mmol/l (>126 mg/dl) ou sangue total >6,1 mmol/l (>110mg/dl) ou

(2)	Carga de glucose de 2 horas (75g) >11,1mmol/l (>200 mg/dl) ou

(3)   Uma concentração aleatória de nível de glicose no plasma venoso >11,1 mmol/1 (>200 mg/dl).

(4)   Níveis de HbA1 C > 6,5%

Os outros critérios para incluir um sujeito como caso no estudo foram:

Doentes nativos do vale de Caxemira.

3.1.1.2.Critérios de exclusão

Nas seguintes condições, os doentes não foram recrutados para o estudo

• História de outras doenças que tendem a afetar os níveis de adipocinas.

-   Indivíduos com qualquer outra doença crónica como a tuberculose,

malignidade, hepatite por qualquer causa, hipertensão, doenças renais como a síndrome de Cushing, hipotiroidismo, etc., gravidez, alcoolismo e qualquer outra doença aguda ou crónica relacionada ou não com a diabetes foram excluídas do estudo para evitar resultados inespecíficos.

-   Doentes de origem não caxemira.

3.1.2.Controlos

O grupo de controlo, constituído por 300 voluntários saudáveis não diabéticos ou NDM, foi recrutado numa população não selecionada que se submeteu a exames de saúde de rotina no Govt. Medical College Srinagar e nos seus hospitais associados.

1.1.1.1 Critérios de inclusão

População étnica do vale de Caxemira.

> Controlos com concentração normal de glicose no sangue total em jejum <6,1 mmol/l (<110 mg/dl) ou concentração de glicose no plasma em jejum <7,0 mmol/l (<126 mg/dl)

> Controlos sem história familiar de diabetes.

1.1.1.2 Critérios de exclusão

> Os indivíduos com diabetes ou tolerância à glicose diminuída foram excluídos do grupo NDM com base em níveis de açúcar no sangue >6,1mmol/l (>110mg/dl).

> Doentes não originários de Caxemira.

3.1.3. Casos de síndrome metabólica:

Todos os 150 casos de SM foram diagnosticados por um endocrinologista no Departamento de Pós-graduação em Medicina do SMHS Hospital, Srinagar, de acordo com os critérios do National Cholesterol Education Program, 2002 (NCEP) Adult Treatment Panel III (ATP III).

3.1.3.1.Critérios de inclusão

Critérios ATP III para a SM (NCEP-ATP(III), 2002)

Os participantes que preenchiam pelo menos três dos cinco critérios de SM seguintes foram definidos como estando "afectados" pela SM (critérios NCEP- ATP III).

Os cinco critérios incluem

1. Pressão arterial$\geq$ 130/85 mmHg,
2. Nível de glucose no sangue em jejum >110 mg/dl,
3. Hipertrigliceridemia com nível de TG >150 mg/dl,
4. Nível de colesterol de lipoproteína de alta densidade (HDL-C) <1,0 mmol/l nos homens ou <1,3 mmol/l nas mulheres, e
5. Obesidade central com perímetro da cintura >90 cm nos homens ou >80 cm nas mulheres. (Grundy SM et al.,2005).

Os outros critérios para incluir um sujeito como caso no estudo foram Doentes étnicos pertencentes ao vale de Caxemira.

3.1.3.2. Critérios de exclusão

Nas seguintes condições, os doentes não foram recrutados para o estudo:

> Um historial de outras doenças que tendem a afetar os níveis de adipocinas.

> Indivíduos que preenchem < 3 critérios (Critérios ATP III para SM).

> Doentes de origem não caxemira.

1.1.4. Controlos

O grupo de controlo, com uma amostra de 150 pessoas, foi recrutado numa população não selecionada que se submeteu a exames de saúde de rotina no Govt. Medical College Srinagar e no hospital associado.

1.1.4.1 Critérios de inclusão

População étnica do vale de Caxemira.

Controles com concentração normal de glicose no sangue total em jejum <6,1 mmol/ l (<110 mg/dl) ou concentração de glicose no plasma em jejum <7,0 mmol /l (<126 mg/dl).

☐ Normotenso (pressão arterial < 130/50mmHg)

Rácio do IMC < 25

☐ Rácio RCQ <90 cm para os homens e <80 cm para as mulheres

1.1.4.2 Critérios de exclusão

Doentes não originários de Caxemira.

3.2. MÉTODOS

Os sujeitos foram divididos nos dois grupos seguintes:

1. Grupo A: Casos de DMT2

2. Grupo B: Controlos saudáveis normais ou sem diabetes mellitus (NDM)

Os indivíduos dos grupos foram ainda divididos em quatro grupos de n=50 cada, de acordo com o seu rácio de IMC (IMC>30 considerado obeso (OMS, 1995; 2000; 2004; Wang e Nakayama, 2010) e níveis de glicemia em jejum (FBG>110mg/dl).

Grupo A1: Não obesos Não diabéticos/Controlos saudáveis

Grupo B1: Obeso diabético

Grupo C1: Obesos não diabéticos

Grupo D1: Diabéticos não obesos

3.3.   Recolha de dados (entrevista por questionário) e consentimento

Foram realizadas entrevistas de reunião para preenchimento do questionário, designadas por corresponderem à necessidade do estudo. Todas as entrevistas foram efectuadas cara a cara pela própria investigadora. O questionário incluía perguntas sobre os dados pessoais (nome dos doentes, idade, habilitações literárias, antecedentes familiares de diabetes e regime alimentar), várias medidas antropométricas (peso, altura, rácio IMC, rácio RCQ) e dados clínicos, incluindo a duração da diabetes tipo 2, a pressão arterial sistólica (PAS), a pressão arterial diastólica (PAD) e os tipos de medicamentos consumidos (apenas para os doentes). Foi obtido o consentimento adequado de ambos os casos, bem como de controlos saudáveis normais, antes da recolha da amostra de sangue.

3.4.   Medidas antropométricas

3.5.   1) Cálculo do índice de massa corporal

O índice de massa corporal (IMC) foi calculado como o rácio do peso corporal em kg/altura em metros quadrados. Foi pedido aos participantes que retirassem os sapatos e as roupas pesadas antes da medição do peso e da altura. Os participantes com IMC=18,5-24,9 kg/m2 foram considerados com peso normal, os participantes com IMC=25,0-29,9 kg/m2 foram classificados com excesso de peso, os participantes com IMC >30,0 kg/m2 foram considerados obesos (OMS, 2000).

3.4.2 Relação cintura/quadril

O rácio cintura-anca (RCQ) foi calculado como o rácio entre a circunferência da cintura e a circunferência da anca. Uma medida da circunferência da cintura > 35 polegadas ou 80 cm nas mulheres e >40 polegadas ou 90 cm nos homens representa um risco acrescido de desenvolver doenças devido à distribuição da gordura (OMS, 2011)

3.5.5 ampla coleção

Foram colhidas amostras de sangue de 400 casos confirmados de diabetes tipo 2, 300 controlos NDM, 150 casos MetS e 150 controlos saudáveis. Foram colhidos 5 ml de sangue venoso de doentes em jejum em tubos simples. O sangue foi dividido em duas partes; 2 ml de sangue foram colocados em frascos heparinizados e congelados a -200C até ao isolamento do ADN e posterior investigação e nos restantes 3 ml de sangue, o soro foi obtido por centrifugação a 4000 rpm durante 10 minutos e o soro separado foi armazenado em tubos de microcentrifugação de 1.5 ml e armazenado a -20 ^{0}C para estimar a adiponectina, a leptina e a resistina e alguns parâmetros bioquímicos, incluindo a glucose sérica, o colesterol, os TG, o HDL, o LDL, a HbA1c e os níveis de insulina.

3.6.Análises bioquímicas e seus intervalos normais

3.6.1. Determinação dos níveis de glicose, HbAlc, TG's, TC, LDL, HDL e insulina

Os níveis séricos de glicose HbA1c, TGs, TC, LDL, HDL e insulina foram calculados pelo método enzimático /kit (Abbot Laboratories Illinois, EUA), de acordo com o protocolo do fabricante, e analisados num analisador automático (Architect c 4000, Abbot Laboratories Illinois, EUA) no Departamento de Bioquímica, Govt Medical College Srinagar (Centro de Investigação da Universidade ofKashmir).

O intervalo de HbA1c de 48 mmol/mol, >6,5% no soro é considerado anormal (OMS, 1999). Para os TGs séricos, os valores normais, limítrofes, elevados e muito elevados são, respetivamente, <150 mg/dl, 150 mg/dl a 199 mg/dl, 200 mg/dl a 499 mg/dl e >500 mg/dl. Para o colesterol sérico, os valores normais, limítrofes, elevados/anormais em crianças são, respetivamente, <170 mg/dl, 170 a 199 mg/dl e >200 mg/dl e, no caso dos adultos, os valores são <200 mg/dl, 200 a 239 mg/dl e >240 mg/dl. Para os níveis séricos de HDL, os valores normais e deletérios são, respetivamente, >60mg/dl e <40mg/dl. Para os níveis séricos de LDL, os valores normais, limítrofes e elevados de LDL em humanos adultos são, respetivamente, <100 mg/dl a 129 mg/dl, 130 mg/dl a 159 mg/dl e >160 mg/dl (NCEP-ATP III (JAMA, 2001). Relativamente aos níveis de insulina sérica em jejum, os valores normais e elevados de insulina no ser humano adulto são, respetivamente, <10 UI/l e > 1o UI/l (National Diabetes Information Clearing House-NIH)

3.6.2. Estimativa da adiponectina sérica

Os níveis séricos de adiponectina foram calculados através de um ensaio imunoenzimático (ELISA) de duplo anticorpo e o kit de adiponectina foi fornecido pela (Mediserve, EUA), tendo o protocolo sido executado de acordo com as especificações do fabricante no Departamento de Bioquímica, Govt Medical College Srinagar.

3.6.3. Estimativa da leptina sérica

Os níveis séricos de leptina foram avaliados por ensaio imunoenzimático (ELISA) de duplo anticorpo, Leptin kit (DRG International, Inc, USA) e o protocolo foi efectuado de acordo com as instruções do fabricante.   do fabricante
no Departamento de Bioquímica do Govt. Medical College Srinagar.

3.6.4. Estimativa da resistina sérica

Os níveis séricos de resistina foram estimados por ensaio de imunoabsorção enzimática de anticorpos duplos (ELISA), o kit de resistina foi fornecido por (Biovendor R&D, República Checa) e o protocolo foi efectuado de acordo com o protocolo do fabricante fornecido pelo kit no Departamento de Bioquímica, Govt.

3.7.Extração do ADN genómico

O ADN genómico foi isolado a partir de 100µl de sangue heparinizado, pelo método do kit, utilizando o Quick-g DNA TM Micro Prep fornecido pela ZYMO RESEARCH, EUA. O seguinte protocolo foi seguido para a separação do ADN.

1. Foram adicionados 400 µl de tampão de lise genómica a 100 µl de sangue (4:1). Misturar completamente por agitação em vórtice durante 4-6 segundos e deixar repousar durante 5-10 minutos à temperatura ambiente.

2. A mistura foi transferida para uma coluna Zymo-Spin™ IC num tubo de recolha, centrifugada a 10 000 x g durante um minuto e o tubo de recolha com o fluxo foi eliminado.

3. A coluna Zymo-Spin™ IC foi transferida para um novo tubo de recolha e foram adicionados 400 µl de tampão de pré-lavagem de ADN à coluna de centrifugação e centrifugada novamente a 10.000 x g durante um minuto.

4. Em seguida, adicionaram-se 900 µl de g-DNA Wash Buffer à coluna de centrifugação e

centrifugou-se a 10 000 x g durante um minuto.

A coluna de centrifugação foi transferida para um tubo de microcentrifugação novo e limpo e foram-lhe adicionados 20 µl de tampão de eluição do ADN, que foi incubado durante 2-5 minutos à temperatura ambiente e centrifugado durante 30 segundos para eluir o ADN. O ADN eluído foi imediatamente armazenado a -20°C para utilização futura.

3.8. Análise qualitativa e quantitativa do ADN genómico

3.8.1. Análise qualitativa

A integridade do ADN genómico foi examinada num gel de agarose a 0,8%. Misturaram-se 2 µl de cada amostra de ADN com 1 µl de corante de carga de ADN 1X (o corante de carga 1X consiste em 4,16 mg de azul de bromofenol, 4,16 mg de xileno cianol e 0,66 g de sacarose em 1 ml de água) e carregou-se no gel. A corrente eléctrica foi aplicada a 50 volts (V) até o ADN entrar no gel e foi aumentada para 70 V durante o resto da corrida. A eletroforese foi interrompida quando o corante percorreu quase 2/3rd do gel. O ADN no gel foi visualizado com a ajuda do sistema Gel doc (Alphaimager TM 2200, Alpha Innotech Corporation) sob luz UV e a imagem foi capturada utilizando o sistema de câmara CCD.

3.8.2. Análise quantitativa

A quantidade e a qualidade do ADN foram determinadas através da medição da densidade ótica a 260 nm e 280 nm com a ajuda de um aparelho de feixe duplo espetrofotómetro (Evolution 60S da Thermo Scientific). A concentração de ADN foi medida de acordo com a seguinte equação:

$$\text{ADN (µg/ml)} = A260 \times 50 \times \text{fator de diluição}$$

O rácio de 260/280nm foi calculado para medir a pureza da amostra de ADN e as amostras de ADN para as quais o rácio era de 1,7-1,9 foram consideradas para utilização futura e armazenadas num congelador a -20oC durante um período de tempo mais longo.

3.9. Genotipagem do polimorfismo do gene *ADIPOQ*

Depois de confirmar a presença de ADN genómico, o ADN que contém o local de restrição polimórfico do gene *ADIPOQ* no exão 2 (rs 2241766) e no intrão 2 (rs 1501299) do gene *ADIPOQ* foi amplificado por reação em cadeia da polimerase (PCR). Foi seguido o protocolo padrão da PCR. A técnica foi normalizada para as condições ambientais disponíveis. As condições de PCR foram selecionadas após uma extensa padronização de todos os parâmetros de PCR. A PCR foi realizada em 25μl de mistura de reação contendo 50-150 ng de DNA genômico, 0,2mM dNTPs, 2pmol/μl de primers forward e reverse, 2,5μl de tampão de PCR 10X contendo 20mM $MgCl_2$ e 1 Unidade(U) de Taq polimerase. Os tubos Eppendorf (0,5μl) contendo a mistura de reação foram misturados suavemente e colocados adequadamente num termociclador automático (eppendorf) para amplificação. Foi executado o programa com um conjunto adequado de temperaturas. Os controlos negativos em todos os ensaios de PCR consistiram numa mistura de reação semelhante sem o modelo. O seguinte par de primers para ambos os SNP's foi utilizado para amplificação (Tabela 1) (Zhang *et al.*, 2008). Os volumes dos diferentes reagentes de PCR para ambos os locais (Tabela 2) e as condições térmicas padronizadas foram apresentados na Tabela 3 (SNP+45) e na Tabela 4 (SNP+276). Os amplicons obtidos na reação de PCR foram analisados em eletroforese em gel de agarose a 2,5% e visualizados num Gel Doc (Alphaimager TM 2200, Alpha fnnotech Corporation) sob luz UV e a imagem foi capturada utilizando o sistema de câmara CCD.

Tabela 1:   Par de primers para SNP +45 (T/G) e SNP +276 (G/T) utilizados para amplificação (Zhang *et al.*, 2008).

1.	**SNP +45 (T/G)**	Forward: 5′-GCA GCT CCT AGA AGT AGA CTC TG-3′ Reverse, 5′-TCT GTG ATG AAA GAG GCC AG-3′
2.	**SNP +276(G/T):**	Forward: 5′-TCT CTC CAT GGC TGA CAG TG-3′ Reverse: 5′-AGA TGC AGC AAA GCC AAA GT--3′ **(Sigma).**

Tabela 2:   Volume e concentração final dos diferentes reagentes utilizados na PCR (SNP+45 e +276) do gene *ADIPOQ*

Reagent	Volume Required	Stock Concentration
1. PCR buffer (10X)	2.5 µl	10Xwith20mM MgCl$_2$
2. dNTP mix	0.5 µl	10mM (2.5mM each)
3. Forward primer	0.5 µl	10pmol/ µl
4. Reverse primer	0.5 µl	10pmol/ µl
5. Taq DNA polymerase	0.4 µl	5U/ µl
6. Genomic DNA	2.5 µl	50 ng/ reaction
7. Milli Q water	18.1	-
Total Volume	**25**	

Tabela 3: Parâmetros de ciclagem térmica (+45(T/G)) do gene *ADIPOQ*

STEP	TEMPERATURE(^{0}C)	TIME	CYCLES
Initial Denaturation	94	10 min	
Denaturation	94	30 sec	
Annealing	58	45sec	35
Extention	72	30 sec	
Final Extention	72	10 min	1

Tabela 4: Parâmetros de termociclagem (+276(G/T) do gene *ADIPOQ*

STEP	TEMPERATURE(^{0}C)	TIME	CYCLES
Initial Denaturation	94	10 min	
Denaturation	94	30 sec	
Annealing	57	45sec	35
Extention	72	30 sec	
Final Extention	72	10 min	1

3.10. Digestão de restrição

O produto de PCR de 372 pb do SNP + 45(T/G) foi digerido com a enzima de restrição específica *SmaI* para detetar o exão 2 do gene *ADIPOQ*. Foi utilizado o protocolo padrão para a digestão de restrição. 10 µl dos produtos de PCR foram digeridos separadamente com 2 µl de enzima de restrição *SmaI* (Thermoscientific, EUA; conc 10U/). A mistura de reação incluiu 10x tampão Tango e 18 µl de água sem nuclease. A mistura foi incubada a 30 °C durante 16 horas. Os produtos foram então resolvidos em géis de agarose a 3,5%. Foi utilizado um marcador de peso molecular de ADN de 50 pb para avaliar o tamanho dos produtos de PCR-RFLP.

$$\downarrow$$
$$5'\ldots\ldots G\,G\,C\,GGG\ldots\ldots 3'$$
$$3'\ldots\ldots GGG\,CCC\ldots\ldots\ldots 5'$$
$$\uparrow$$

SmaI restriction site

Os homozigotos selvagens TT para o SNP+ 45 produziram apenas o fragmento não cortado de 372 pb, o heterozigoto TG produziu os fragmentos de 372, 209 e 163 pb e o homozigoto mutante GG produziu os fragmentos de 209 e 163 pb, respetivamente. O polimorfismo em +45 no gene *ADIPOQ* foi também confirmado por sequenciação de alguns casos/controlo representativos de produtos PCR (Sci genome, Cochin Kerela).

Para o intrão 2 SNP+276 do gene *ADIPOQ*, o produto da PCR de 468 pb foi digerido com a enzima de restrição específica *BsmI* para detetar o seu polimorfismo. Foi efectuado o protocolo padrão para a digestão de restrição. 10 μl dos produtos de PCR foram digeridos separadamente com 2 μl de enzima de restrição *BsmI* (Thermoscientific, EUA; conc 10U/ μL). A mistura de reação incluiu 2 μl de tampão Tango 10x e 18 μl de água sem nuclease. A mistura foi incubada a 37°C durante 16 horas. Os produtos foram então resolvidos num gel de agarose a 3,5%. Foi utilizado um marcador de peso molecular de ADN de 50 pb para avaliar o tamanho dos produtos de PCR-RFLP.

$$5' \ldots \ldots G \, AATGCN \ldots \ldots 3'$$
$$3' \ldots \ldots CTTACGN \ldots \ldots 5'$$
$$\uparrow$$

BsmI restriction site

Os homozigotos selvagens GG para SNP + 276 geraram um fragmento de 468 pb. Os heterozigotos GT geram três fragmentos de 468, 320 e 148 pb e os homozigotos mutantes geram dois fragmentos de 320 e 148 pb. O polimorfismo em +276 no gene ADIPOQ foi também confirmado por sequenciação de alguns casos/controlos representativos de produtos de PCR.

3.11. Sequenciação

A sequenciação foi efectuada comercialmente, utilizando o serviço de (SciGenomics labs pvt. Ltd, Cochin). Para a inspeção visual dos cromatogramas, foi utilizado o software chromas.

3.12. Análise estatística

Os resultados foram analisados estatisticamente e os dados foram expressos como média ± DP. Esta análise estatística foi efectuada com o software Graph Pad versão 6.0 da Graph Pad Software 2236, Avenida de la Playa, La Jolla, CA 92037, EUA. Teste T independente (para dados paramétricos) e o teste do $\chi2$ (para dados não paramétricos) foram utilizados para comparar os dados disponíveis. As frequências alélicas e genotípicas foram comparadas entre os grupos utilizando o teste do $\chi2$. A associação entre o genótipo SNP+ 45 e SNP+ 276 e o risco de diabetes tipo 2 e SM foi estimada através do cálculo do odds ratio (OR) e dos respectivos intervalos de confiança a 95% (IC 95%). A ANOVA unidirecional foi usada para comparar a média ± DP para mais de dois grupos em um estudo comparativo, seguida pelo pós-teste (teste de Bonferroni) para fazer comparações estatísticas dentro de muitos grupos e isso foi feito usando a versão SPSS 16. Foi utilizado um valor de P <0,05 como critério de significância estatística.

CAPÍTULO 4

RESULTADOS

Casos e controlos de Diabetes mellitus tipo 2

Casos

Foram registados 400 casos confirmados de DMT2. Entre os 400 casos de DMT2, 289 (72,25%) eram do sexo feminino e 111 (27,75%) do sexo masculino.

Controlos

300 voluntários saudáveis normais confirmados foram considerados como normais não diabéticos (NDM) ou controlos. Entre os 300 controlos, 200 (66,66%) eram do sexo feminino e 100 (33,33%) do sexo masculino, sendo o rácio de mulheres para homens de 2.

Avaliação dos parâmetros metabólicos

Alguns parâmetros metabólicos foram medidos tanto nos casos de DM2 (Grupo A) como nos controlos de DMN (Grupo B) envolvidos no estudo. Estes incluem todos os parâmetros que preenchem os critérios para o DM2 (OMS, 2006), como FPG sérico, níveis de glucose no sangue pós-prandial (PP), HbA1c% e outros parâmetros incluem TGs, TC, LDL, HDL e níveis de insulina. Verificou-se que os níveis eram significativamente mais elevados no Grupo A do que no Grupo B. Os resultados dos parâmetros bioquímicos dos casos de DMT2 e dos grupos de DMN foram apresentados na Tabela 5.

Tabela 5: Comparação de vários parâmetros bioquímicos de rotina entre indivíduos diabéticos e não diabéticos.

	Cases (N=400) (Group A) (Mean±SD)	NDM (N=300) (Group B) (Mean±SD)	P value
Age	45±10	42±8	<0.0001
FBS(mg/dl)	156 ± 30	76.25±10	<0.0001
PP(mg/dl)	284±76	142±8.72	<0.0001
TC(mg/dl)	182.5±40.09	140.72±10.05	<0.0001
TGL(mg/dl)	132±30.5	112±20	<0.0001
HDL(mg/dl)	49.62±10.60	56±9.67	<0.0001
LDL(mg/dl)	99±30	75±25.03	<0.0001
Insulin (IU/ml)	10.05±0.5	12.08±1.2	<0.0001

Estimativa das adipocinas em casos e controlos

Para estimar os níveis de adipocinas (adiponectina, leptina e resistina) entre o Grupo A e o Grupo B, foi realizado um teste ELISA com a ajuda de vários kits específicos baseados em ELISA, tal como já foi descrito (secção Metodologia). Um total de 400 casos de DMT2 e 300 controlos de DMN foram analisados quanto aos níveis séricos de adiponectina, leptina e resistina. Verificou-se que os níveis médios de adiponectina sérica eram mais baixos no Grupo A do que no Grupo B (12±5,5 versus 22,5±7,9 µg /ml). Os resultados foram estatisticamente considerados altamente significativos (Odds ratio = 7,173, 95% CI = 4,507-11,42; p < 0,0001). Os níveis médios de leptina sérica no Grupo A foram significativamente mais elevados no Grupo A do que no Grupo B (15,04±7,8 vs 8,17±4,20 ng/ml; p<0,001). Da mesma forma, os níveis de resistina foram significativamente mais altos no Grupo A do que no Grupo B (13,4 ± 1,56 vs. 7,236 ± 2,129 pg/ml; p < 0,0001) (tabela 6). A Fig. 9 representa um histograma que mostra a média ± DP dos níveis de adiponectina, leptina e resistina nos casos e controlos.

ADIPOKINES	Cases (Group A) (Mean±SD) (N=400)	NDM (Group B) (Mean±SD) (N=300)	P value
Adiponectin levels(µg/ml)	12±5.5	22.5±7.9	<0.0001
Leptin levels (ng/ml)	14.3±7.4	7.36±3.73	<0.0001
Resistin levels(pg/ml)	13.4 ± 1.56	7.236± 2.129	<0.0001

Tabela 6: Comparação dos níveis de adipocinas (adiponectina, leptina e resistina)

entre indivíduos diabéticos e não diabéticos

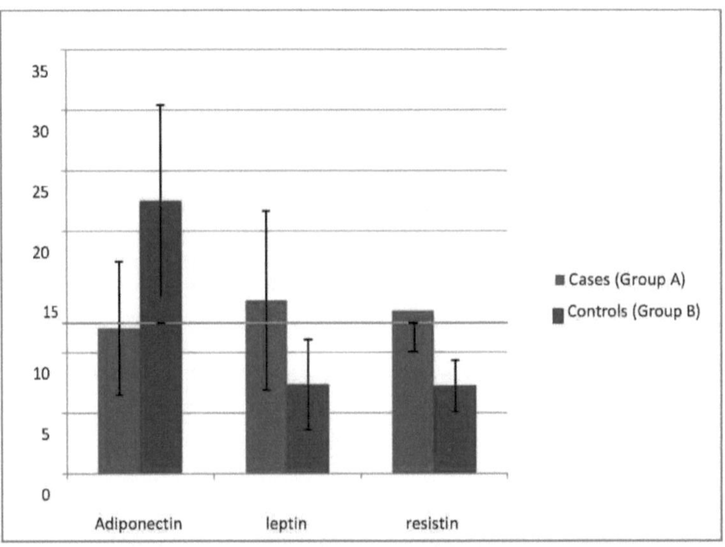

Fig. 9: Níveis séricos médios de adiponectina. Níveis de leptina e resistina de 400 casos de diabetes tipo 2 e 300 controlos NDM (os dados são representados como Média±SD, Teste t independente

Estimativa dos níveis de adipocinas nos diferentes grupos:

Trata-se de um estudo comparativo em que os níveis de adiponectina, leptina e resistina foram medidos nos quatro grupos (Grupo A1, B1, C1 e DI), classificados com base nos níveis de IMC e FBS. A análise foi efectuada por One Way ANOVA com pós-teste, teste de Bonferroni para comparar todos os grupos entre si.

Adiponectina: Os níveis médios de adiponectina sérica entre o Grupo B1 (Obeso Diabético) e o Grupo C1 (Obeso Não Diabético) apresentaram associação estatisticamente significativa quando comparados com o Grupo A1 (Voluntários normais saudáveis/Não Obeso Diabético) (12.9±2,9 µg/ml vs 21,3±5,2µg/mb p<0,0001); (10,6±3,9 µg/ml vs 21,3±5,2µg/mb p<0,0001). No entanto, foi observada associação insignificante dos níveis de adiponectina entre o Grupo D1 (Diabético não obeso) quando comparado com o Grupo A1 (20,5±5,5 vs 21,3±5,2 µg/mb p>0,05).

Leptina: Os níveis médios de leptina sérica foram significativamente mais altos entre o Grupo C1 (30,37 ± 4,5 ng/ml) e o Grupo B1 (29,53 ± 4,68 ng/ml) quando comparados com o Grupo A1 (7,16 ± 1,12ng/ml) (P <0,0001). No entanto, foi observada associação insignificante dos níveis de leptina entre o Grupo A1 e o Grupo D1 (7,16±1,12 vs 8 ±5ng/mb p>0,1).

Resistina: Os níveis médios de resistina sérica foram significativamente mais altos entre os Grupos B1 e C1 quando comparados com o Grupo A1 (20,02±3,4 vs 6,5±0,78 pg/ml ;p<0,0001); (21,2±3,5 vs 6,5±0,78 pg/ml ;p<0,0001). Mas os níveis de resistina do Grupo D1 também mostraram associação insignificante quando associados ao Grupo A1 (6,9±3,6 vs 6,5±0,78 pgZml; p>0,05) Os resultados foram apresentados na Tabela 7. A média ± DP entre os vários grupos foi apresentada num histograma (Fig. 10 para a adiponectina), (Fig. 11 para a leptina) e (Fig. 12 para a resistina). O Grupo A1 mostrou significância estatística com o Grupo B1 e C1 (P<0,0001), enquanto o Grupo A1 mostrou associação insignificante quando comparado ao Grupo D1, enquanto os Grupos B1 e C1 também mostraram associação insignificante quando comparados entre si entre todas as adipocinas.

Tabela 7: Comparação dos níveis de adipocinas (adiponectina, leptina e resistina) entre os vários grupos.

	Healthy volunteers (Group A1)	Diabetic obese (Group B1)	Non Diabetic obese (Group C1)	Diabetic Non Obese (Group D1)
Adiponectin levels(µg/ml)	21.3±5.2	12.9±2.9 [a]= <0.0001	10.6±3.9 '=<0.0001	20.5±5.5 '=0.45NS
Leptin Levels(ng/ml)	7.16±1.12	29.53±4.68 [a]= <0.0001	30.37± 4.5 '= <0.0001	8±5 '= 0.24NS
Resistin Levels (pg/ml)	6.5±0.78	20.02±3.4 [a]= <0.0001	21.2±3.5 '= <0.0001	6.9±3.6 '= 0.44NS

NS: Não significativo

[a] O valor de p é entre os níveis de adipocinas dos diferentes grupos e o grupo de voluntários saudáveis. Resultados apresentados como média± SD vs. grupo normal, utilizando ANOVA de uma via seguida de teste post-hoc (teste de Bonferroni).

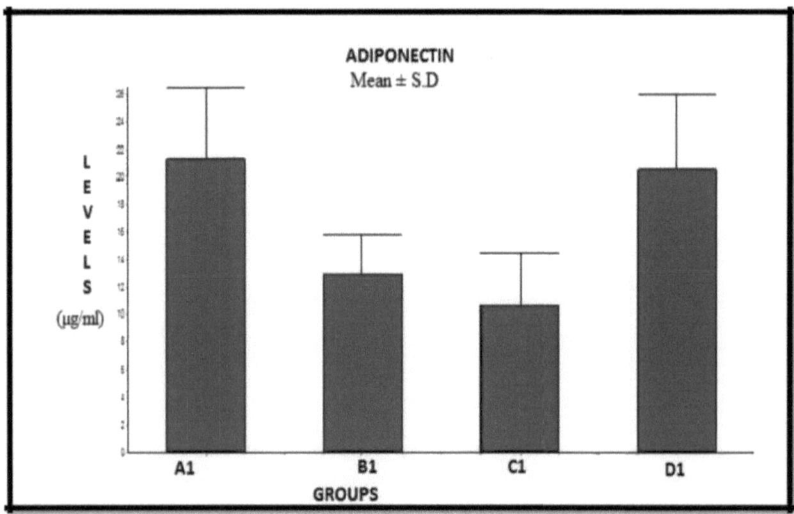

Fig. 10: O histograma representa a Média ± S.D dos níveis de Adiponectina entre os diferentes grupos (Teste de Bonferroni)

Gp Al (Normais) VsGp DI (P>0,05)

GpBl vsGpCl (P>0,05)

GpAlvsGpBl (P<0,05)

GpAlvsGpCl (P<0,05).

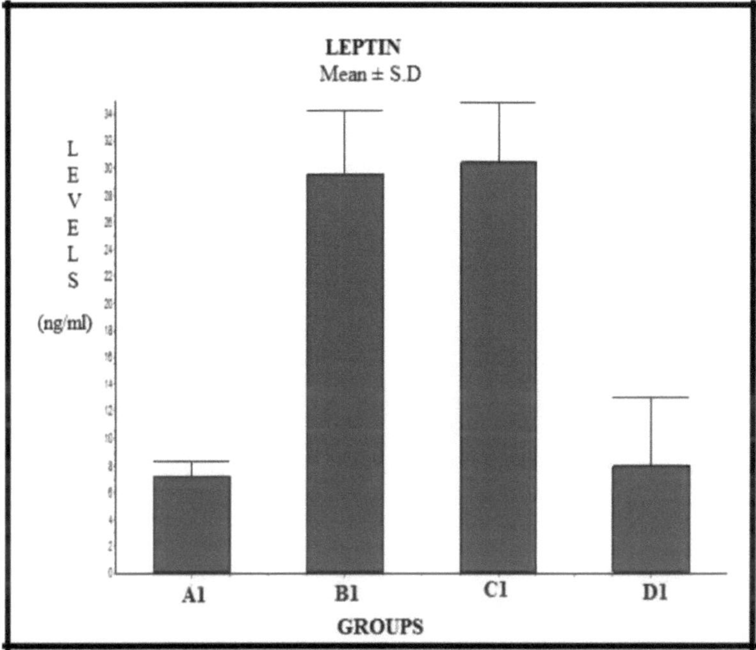

Fig. 11: Histograma representa a Média ± S.D dos níveis de Leptina nos diferentes grupos (Teste de Bonferroni)

GpAl (Normal) VsGp DI (P>0,05)

GpBlvsGpCl (P>0,05)

GpAlvsGpBl (P<0,05)

GpAlvsGpCl (P<0,05)

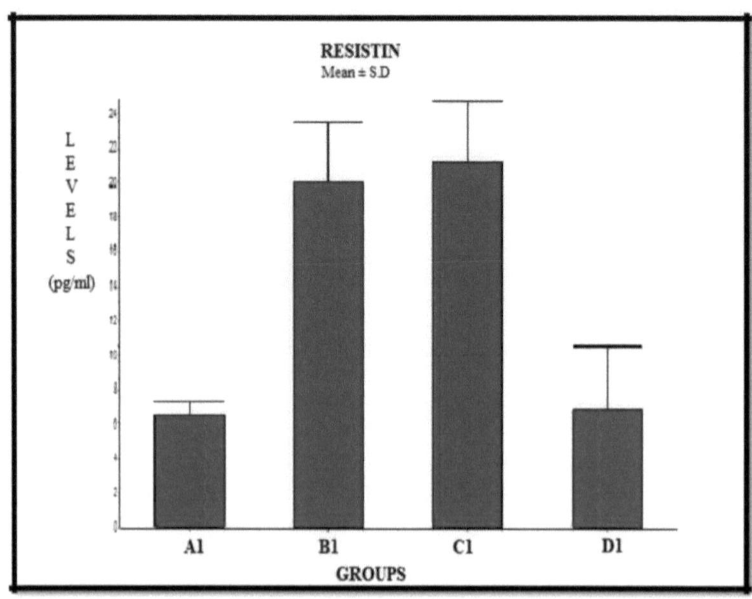

Fig. 12: O histograma representa a média ±SD dos níveis de resistina nos diferentes grupos (teste de Bonferroni)

GpAl (Normal) VsGp DI (P>0,05)

GpBlvsGpCl (P>0,05)

GpAlvsGpBl (P<0,05)

Gp Al vs Gp Cl (P<0,05)

Análise de correlação em casos de Diabetes mellitus tipo 2 e indivíduos de controlo

A correlação da adiponectina sérica com a leptina, da leptina com os níveis de resistina e da adiponectina com os níveis de resistina em casos de diabetes mellitus de tipo 2 foi descrita utilizando análises de correlação de Pearson. Nos doentes diabéticos de tipo 2, os níveis de adiponectina demonstraram uma correlação negativa estatisticamente significativa com a leptina (r=-0,26; p<0,01) e a resistina (r= - 0,186; p<0,01), ao passo que a leptina demonstrou uma correlação positiva com a resistina (r=0,228; p<0,01), como se mostra na Fig. 13

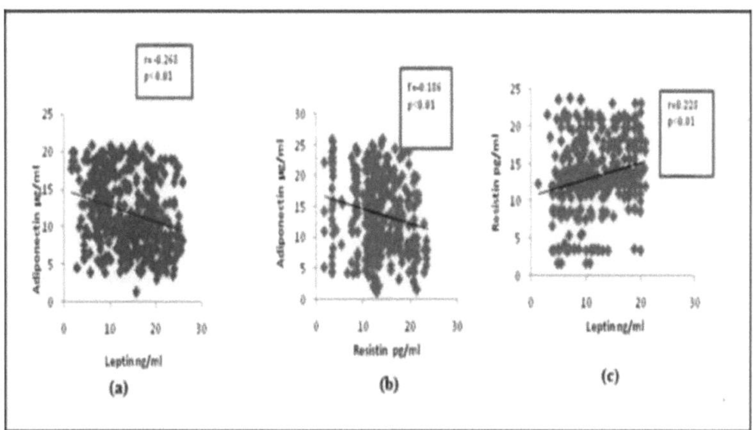

Fig. 13: Análise de correlação das adipocinas em casos de DMT2

(a) Correlação entre a adiponectina e a leptina

(b) Correlação entre a adiponectina e a resistina

(c) Correlação entre Resistina e Leptina

(Cada valor individual é representado por um símbolo; r=coeficientes de correlação de Pearson)

Casos

Foram recolhidas 150 amostras de SM confirmadas, que foram classificadas de acordo com Critérios NCEP- ATPIII

Controlos

Como controlo, foram utilizados 150 voluntários confirmadamente normais e saudáveis.

Avaliação de parâmetros metabólicos e antropométricos em casos e controlos de SM

Alguns parâmetros metabólicos foram medidos tanto nos casos de SM como nos controlos saudáveis normais envolvidos no estudo. Estes incluem os níveis séricos de FPG; parâmetros antropométricos: IMC, RCQ; perfil lipídico: TG's, TC, HDL, LDL; Parâmetros de pressão arterial: PAD, PAS. Verificou-se que os níveis eram significativamente mais elevados nos casos de SM do que nos controlos. Os resultados dos parâmetros bioquímicos dos casos de SM e dos grupos de controlo foram apresentados na Tabela 8.

Tabela 8: Comparação de vários parâmetros antropométricos e bioquímicos de rotina entre casos de SM e indivíduos normais.

	MetS (Mean±SD) (N=150)	Controls (Mean±SD) (N=150)	P value
Age	47.32±12.46	40.52±12	<0.0001
WHR(cm2)	1.0±0.3	0.8±0.15	0.0003
BMI(kg/m2)	26.34±4.08	21.99±3.99	<0.0001
FBS(mg/dl)	129.65 ± 26.91	97±18.50	<0.0001
TC(mg/dl)	186±42.58	125.54±25.37	<0.0001
TGL(mg/dl)	217.22±42.92	156.12±50.09	<0.0001
HDL(mg/dl)	48.3±11.8	60.05±14.69	<0.0001
LDL(mg/dl)	156.76±33.48	87.15±23.95	<0.0001
DSP(mm/Hg)	88.30±12.72	77.84±9.35	<0.0001
SBP (mm/Hg)	148±15	114±14	<0.0001

Avaliação da concentração e purificação do ADN

O ADN genómico foi extraído das amostras de sangue total de 400 casos de DMT2, 150 casos de SM e 300 controlos saudáveis normais. A concentração e a purificação do ADN genómico foram verificadas por espetrofotometria UV e a integridade por eletroforese em gel de agarose, analisando 6-8µl de ADN genómico em gel de agarose a 0,8 % (como se mostra na Fig. 14). A pureza do ADN foi determinada pelo rácio A $_{(260)}$/A $_{280}$ e verificou-se que o rácio em todas as preparações de ADN se situava no intervalo de 1,7-1,85.

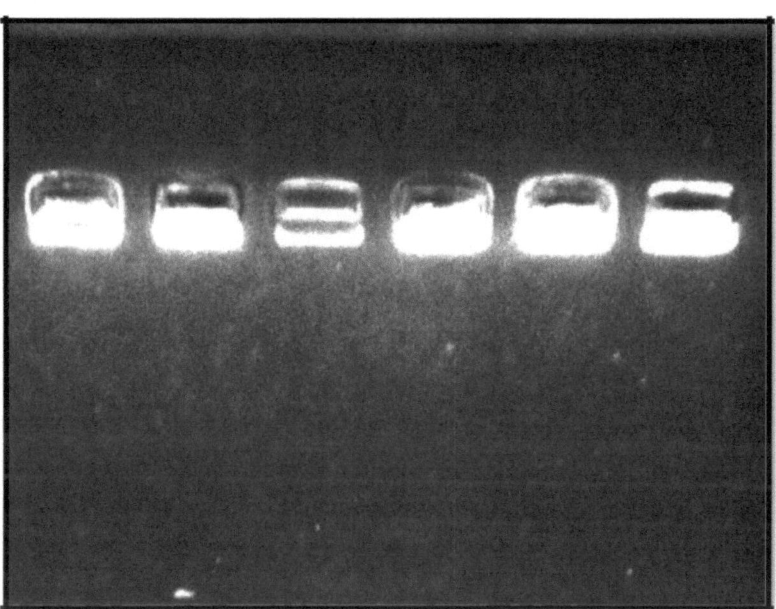

Fig. 14: Imagem representativa do gel que mostra a integridade do ADN analisado por eletroforese em gel de agarose (0,8%)

As pistas n.º 1 a 4 representam amostras de ADN isoladas de casos de diabetes. 5, 6 representam amostras de ADN isoladas de controlos

Amplificação do SNP +45 (rs2241766) e do SNP +276 (rs1501299) *do* gene *ADIPOQ*

A genotipagem do polimorfismo rs2241766 e rsl501299 do gene *ADIPOQ* foi efectuada por PCR. Foram utilizados conjuntos de iniciadores específicos para amplificar as regiões que contêm o polimorfismo no gene *ADIPOQ*. Para a genotipagem, foram colhidas 400 amostras de ADN de casos de DMT2 (homens e mulheres), 300 amostras de ADN de controlos de DMN (homens e mulheres), 150 amostras de ADN de casos de SM e 150 amostras de ADN de indivíduos saudáveis normais. As condições de reação e o programa de PCR utilizado para a amplificação foram descritos na secção de metodologia. Durante a amplificação por PCR, quando todos os parâmetros de PCR foram padronizados e optimizados, foram amplificados os locais de polimorfismo do exão 2 (rs2241766) e do intrão 2 (rs1501299). Utilizando pares de primers, foram produzidos amplicões que representam o exão 2 do SNP + 45 e o intrão 2 do SNP+276. Após amplificações eficientes, 8-10μl de cada produto de PCR foram analisados num gel de agarose a 2,0%. Os produtos amplificados foram então visualizados no Gel Doc, utilizando o brometo de etídio como agente de visualização. Os resultados dos amplicões de PCR do exão 2 e do intrão 2 foram apresentados nas Figuras 15 e 16. Uma única banda de 367 pb foi visível e representada como exão 2 e uma única banda de 468 pb foi visível e representada como intrão 2 *do* gene *ADIPOQ*, respetivamente

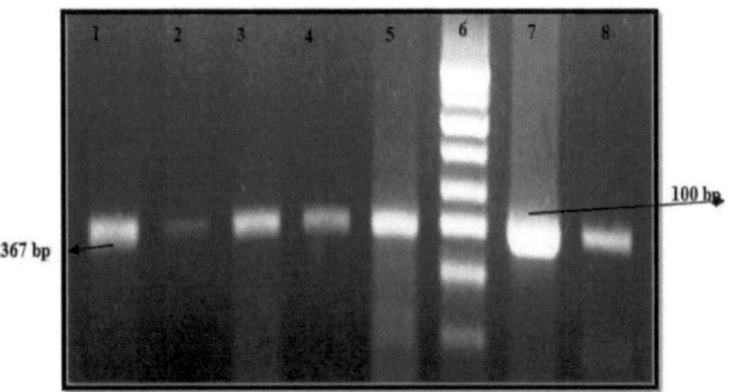

Fig15: Imagem representativa do gel que mostra os resultados da PCR do exão 2 do gene *ADIPOQ* (SNP+45).
As pistas n.º 1 e 3 representam um amplicon de PCR de 367 pb de casos de DMT2
As linhas 4 e 7 representam o amplicon de PCR de 367 pb dos casos de SM.
2, 5 e 8 representam o amplicon PCR de 367 pb dos controlos
A linha 6 representa uma escada de 100 pb

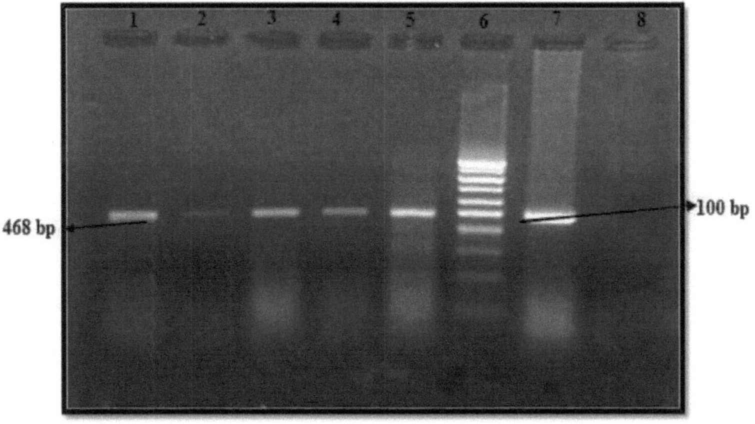

Fig. 16: Imagem representativa do gel que mostra os resultados da PCR do intrão 2 do gene *ADIPOQ*.
As pistas n.º 1 e 3 representam o amplicon de PCR de 468 pb dos casos (T2DM)
A linha 2 3 representa o amplicon PCR de 468 pb dos casos (MetS)
As pistas 4,5 e 8 representam o amplicon PCR de 468 pb dos controlos.
A linha 8 representa o amplicon não amplificado;
A linha 6 representa uma escada de 100 pb

Digestão de restrição do SNP +45 (rs2241766) e do SNP+276 (rs1501299) *do* gene *ADIPOQ*

Para a deteção do polimorfismo do rs2241766 do produto da PCR do gene *ADIPOQ*, foi efectuada uma digestão de restrição, que foi digerida com uma enzima de restrição *Sma I*. A enzima de restrição *Sma I* reconhece o alelo de tipo selvagem do códão 15 (SNP+45). O homozigoto selvagem TT do SNP +45 do produto de PCR do gene *ADIPOQ* produziu apenas o fragmento não cortado de 367 pb, o heterozigoto TG produziu três fragmentos de 367, 204 e 163 pb, enquanto o homozigoto mutante GG produziu dois fragmentos de 204 e 163 pb quando digerido com uma enzima de restrição *Sma I* (Fig. 17). Do mesmo modo, para o SNP +276 (rs2241766), foi utilizada a enzima de restrição *BsmI* para a digestão de um amplicon de 468 pb. O homozigoto selvagem GG produziu apenas o fragmento não cortado de 468 pb, o heterozigoto GT produziu três fragmentos de 468, 320 e 148 pb, enquanto o homozigoto mutante TT produziu dois fragmentos de 320 e 148 pb (Fig. 18). Os produtos foram depois resolvidos em géis de agarose a 3%.

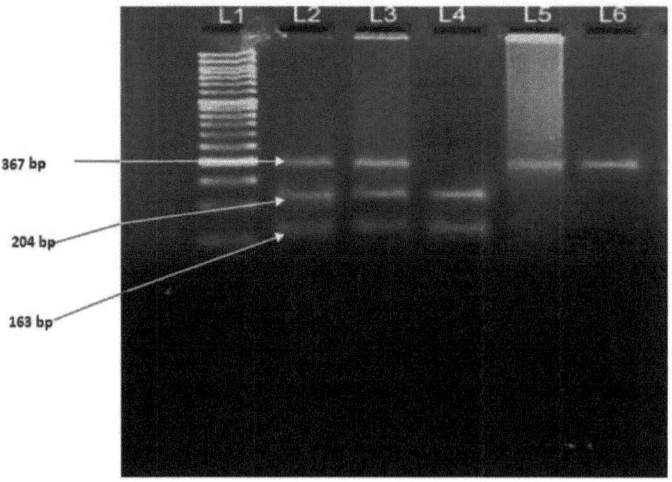

Fig. 17: Imagem representativa do gel da digestão de restrição do exão 2 do gene *ADIPOQ* pela enzima de restrição *SmaI*, em gel de agarose a 3%.

L1-Representa uma escada de 100 pb

Pistas L2 e L3- Representam genótipos heterozigóticos (três bandas a 367,204,163 bp) em casos e controlos

Linha L4 - Representa o genótipo homozigótico mutante (duas bandas 204 pb, 163 pb) em casos

Pistas L5 e L6- Representam genótipos homozigóticos (Bandas a 367 pb) em casos e controlos

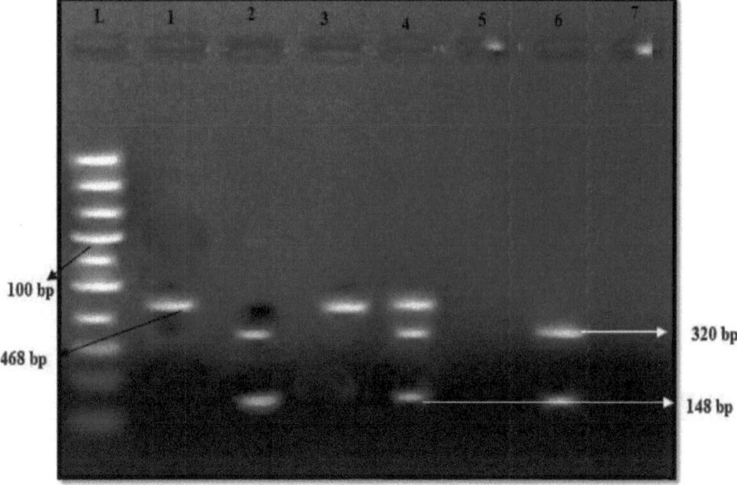

Fig. 18: Imagem representativa do gel de digestão de restrição do intrão 2 do gene *ADIPOQ* pela enzima de restrição *BsmI* , em gel de agarose a 3%.

Frequência genotípica e alélica do polimorfismo SNP+45 Associação entre o polimorfismo SNP +45 (T/G) e a DMT2

No presente estudo, 400 casos de DMT2 e 300 controlos de DMN pertencentes à divisão de Caxemira foram analisados para o polimorfismo +45 (T/G). A frequência do alelo foi de 69% para o alelo T e 31% para o alelo G nos casos e 71,5% para o alelo T e 28,5% para o alelo G no grupo NDM. A diferença na frequência foi considerada estatisticamente insignificante com um ($\%^2$=1,02; OR=0,8; P= 0,3). Verificou-se que o genótipo TT estava presente em 48% dos casos e 51% dos controlos, a variante T/G em 42% dos casos e 41% dos controlos NDM, e o genótipo mutante homozigótico GG em 10% dos casos e 8% dos controlos, conforme apresentado na Tabela 9.Observou-se que, embora a proporção de doentes heterozigóticos para T/G em comparação com o genótipo TT não fosse muito diferente entre os casos de DMT2 e os controlos de DMN, sendo, portanto, estatisticamente insignificante (OR=0,75; IC 95%: 0,43-1,30; P = 0,33).

Tabela 9: Mostra o genótipo e a frequência alélica do SNP+45(T/G) *do* gene *ADIPOQ* entre os casos de DM2 e entre os controlos de DMN

	T2DM Cases (%) (n= 400)	NDM Controls (%) (n=300)	OR Value	χ^2	95% CI	P value
TT (%)	192(48%)	153 (51%)	-	-	-	Referent(1)
GT (%)	168(42%)	123(41%)	0.98	0.27	0.67-1.259	0.5
GG (%)	40 (10%)	24 (8%)	0.75	1.03	0.43-1.30	0.33
GT+TT	208(54%)	147(49%)	0.912	2.069	0.59-1.08	0.15
T (%)	552(69%)	429 (71.5%)	0.887	1.022	0.7-1.19	0.3
G (%)	248(31%)	171(28.5%)				

Associação do SNP+ 45 (T/G) e SM

No presente estudo, 150 casos de SM e 150 controlos pertencentes à divisão de Caxemira foram analisados para o polimorfismo SNP +45 (T/G). A frequência do alelo foi de 73,66% para o alelo T e 26,33% para o alelo G nos casos de SM e 76,33% para o alelo T e 23,66% para o alelo G nos controlos. A diferença na frequência foi considerada estatisticamente insignificante com um ($\%^2$=0,5; OR=0,8; P= 0,4). Verificou-se que o genótipo TT estava presente em 52,66% dos casos e 56% dos controlos, a variante T/G em 42% dos casos e 40,66% dos controlos e o genótipo GG em 5,33% dos casos e 3,3% dos controlos, como se mostra na Tabela 10.Observou-se que o genótipo combinado (T/G+GG) entre os casos e os controlos, quando comparado com o genótipo TT, não é significativo, pelo que o SNP+45 não está associado ao risco de desenvolvimento de síndrome metabólica na população da Caxemira (OR=0,8; IC 95%: 0,5-1,2; P = 0,4).

Tabela 10: **Mostra o genótipo e a frequência alélica do SNP+45(T/G) *do* gene *ADIPOQ* entre os casos e controlos da SM**

	MetS Cases (%) (n=150)	Controls (%) (n=150)	χ^2	OR Value	95% CI	P value
TT(%)	79 (52.66)	84 (56)		-	-	Referent(1)
GT (%)	63 (42)	61 (40.66)	0.15	0.95	0.5-1.4	0.6
GG (%)	8(5.33)	5 (3.33)	0.8	0.5	0.1-1.8	0.3
GT+GG	71 (47.33)	66 (44)	0.3	0.8	0.5-1.3	>0.5
T (%)	221(73.66)	229(76.33)	0.5	0.8	0.5-1.2	0.4
G (%)	79(26.33)	71(23.66)				

Frequência genotípica e alélica do polimorfismo +276 (G/T) Associação entre o polimorfismo +276 (G/T) e a DMT2

As frequências alélicas e genotípicas para o polimorfismo +276 (G/T) são apresentadas na Tabela 11. As frequências alélicas para o alelo G foram de 73,75% e de 26,25% para o alelo T no grupo com DMT2, enquanto as frequências alélicas foram de 80,50% para o alelo G e de 19,50% para o alelo T no grupo de controlo com DMN. A diferença na frequência foi considerada estatisticamente significativa com um (X^2=8,7; OR=0,68; P= 0,0003). Em comparação com o genótipo de tipo selvagem GG, o *ADIPOQ* G/T foi associado a um risco aumentado de diabetes mellitus tipo 2 na análise de regressão logística (OR ajustado=0,58: IC95%=0,4-0,79,P>0,005).

Tabela 11:   Mostra o genótipo e a frequência alélica do SNP+276(G/T) do gene *ADIPOQ* entre os casos de DM2 e controlos **de DMN**

	Cases (%) n=400	Controls (%) n=300	OR value	χ^2	95% CI	P value
GG (%)	203 (50.75%)	191 (63.66%)	-	-	-	Referent(1)
GT (%)	184(46%)	101(33.67%)	0.5	11.47	0.4-0.79	0.0007*
TT (%)	13(3.25%)	8 (2.67%)	0.6	0.8	0.26 -1.6	0.3
GT+TT(%)	197 (49.25%)	109(36.33%)	0.58	11.62	0.4-0.79	0.0007*
G (%)	590(73.75%)	483 (80.50%)	0.68	8.7	0.5-0.87	0.003*
T (%)	210(26.25%)	117(19.50%)				

Associação do polimorfismo +276 (G/T) e casos de SM

As frequências alélicas e genotípicas para o polimorfismo +276 (G/T) são apresentadas na Tabela 12. As frequências alélicas para o alelo G foram de 72,66% para o alelo G e de 27,33% para o alelo T no grupo MetS, enquanto as frequências alélicas foram de 79,66% para o alelo G e de 20,33% para o alelo T no grupo de controlo. A diferença na frequência foi considerada estatisticamente significativa com um (X^2=4,0; OR=0,6; P<0,05). Em comparação com o genótipo de tipo selvagem GG, os genótipos combinados heterozigóticos G/T+T/T *do ADIPOQ* foram associados a um risco acrescido de SM na análise de regressão logística quando comparados com o alelo selvagem homozigótico GG (OR ajustado=0,5: 95% CI=0,3-0,94, P<0,05).

Tabela 12: Mostra o Genótipo e a frequência alélica do SNIP +276(G/T) em casos e controlos de MetS.

	MetS Cases (%) (n=150)	Controls (%) (n=150)	OR value	$\chi2$	95% CI	P value
GG (%)	72(48)	91 (60.66)	-		-	Referent(1)
GT (%)	74 (49.33)	57 (36.67)	0.6	4.4	0.3-0.96	0.03*
TT (%)	4(2.67)	2(2.67)	0.3	1.1	0.07 - 2.22	0.2
GT+TT	78(52)	59(39.33)	0.5	4.8	0.3-0.94	0.02*
G (%)	218(72.66)	239 (79.66)	0.6	4.0	0.46-0.99	0.04*
T (%)	82(27.33)	61(20.33)				

CAPÍTULO 5

SEQUENCIAMENTO

A Fig. 19 e a Fig. 21 representam os cromatogramas completos de +276 e +45 do gene *ADIPOQ* de alguns amplicons representativos em casos e controlos. A Fig. 20 e a Fig. 22 representam o cromatograma parcial da sequência de alguns amplicons representativos do SNP +276 e +45 *do* gene *ADIPOQ*

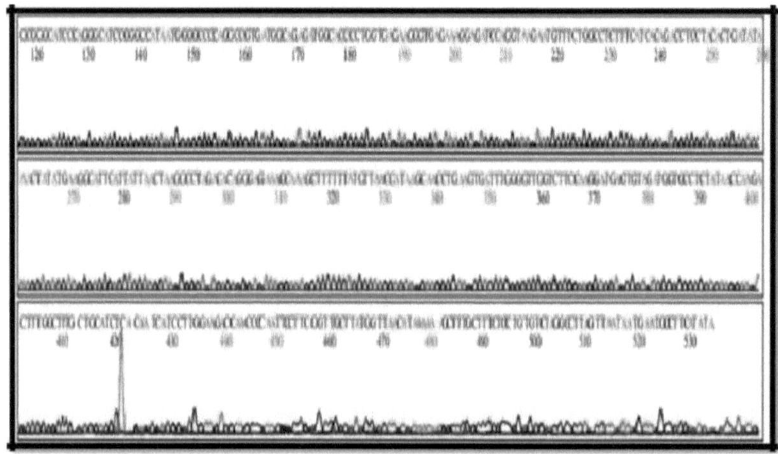

Fig. 19(a): Electroferograma de um dos amplicons mostrando a condição homozigótica na posição +276.

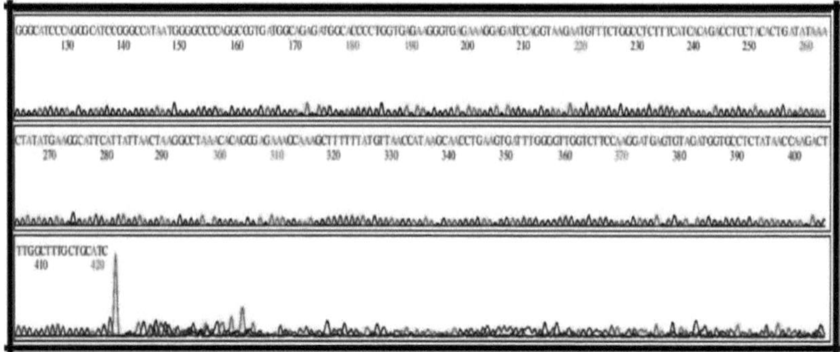

Fig. 19 (b): Electroferograma de um dos amplicons mostrando uma condição heterozigótica na posição+ 276.

A)

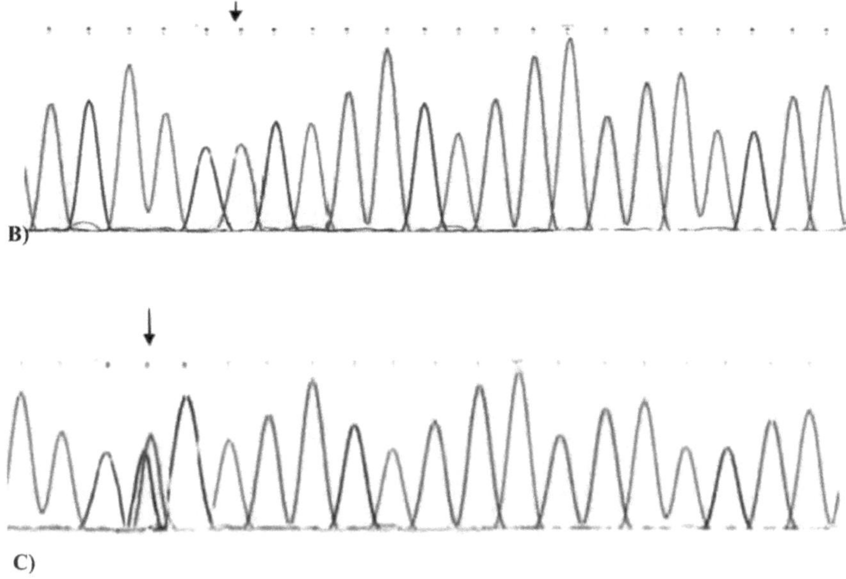

B)

C)

Fig. 20: Sequência de alguns amplicons representativos do SNP + 276 de Gene *ADIPOQ*

A:HOMOZIGÓTICO GG DO SNP +276

B:HOMOZIGÓTICO TT DO SNP +276

C:HETEROZIGÓTICO GT DO SNP +276

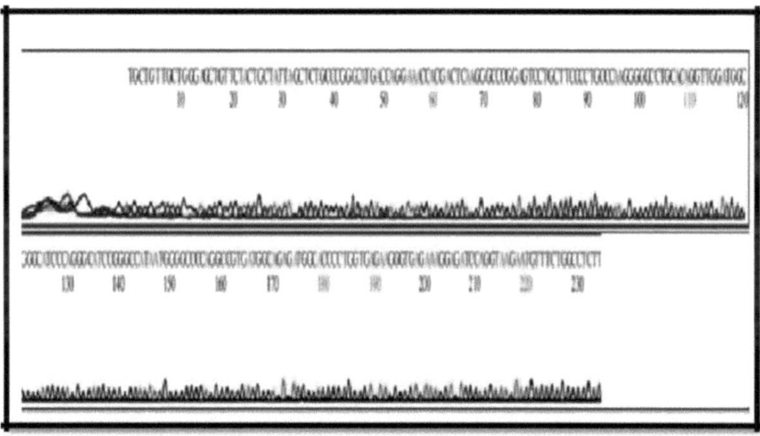

Fig. 21(a): *Electroferograma de um dos amplicons mostrando a condição homozigótica na posição 45.*

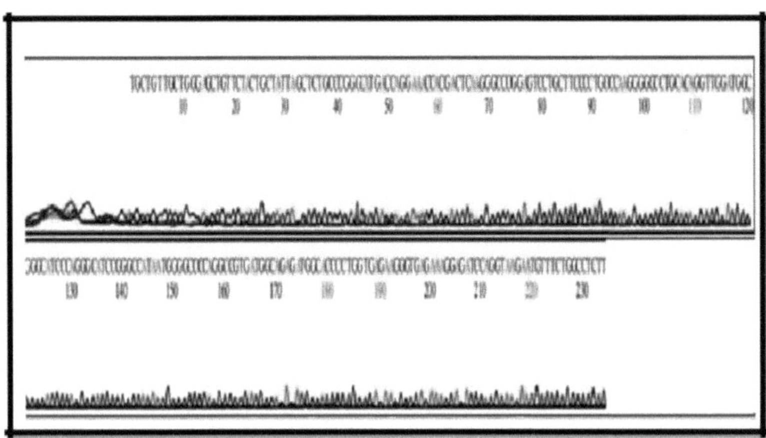

Fig. 21(b): *Electroferograma de um dos amplicons que mostra a condição heterozigótica na posição 45*

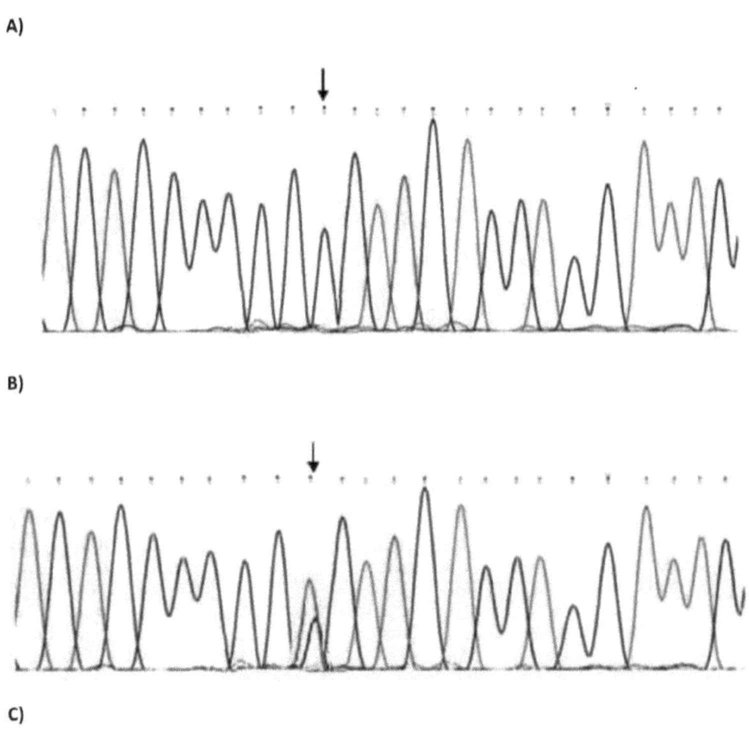

A)

B)

C)

Fig. 22: Sequência de alguns amplicons representativos do SNP +45 do gene *ADIPOQ*

A:HOMOZIGÓTICO TT DO SNP +45

Estimativa dos níveis de adiponectina em vários genótipos de SNP +276 (G/T) e SNP +45 (T/G) em casos de DM2

Foram estimados os níveis de adiponectina para diferentes genótipos de +276, ou seja, GG e GT+TT entre os grupos T2DM e NDM. O genótipo selvagem GG nos casos mostrou níveis mais altos de adiponectina (12,92 ± 4,65 µg/ml) do que os genótipos heterozigotos combinados GT + TT (10,99 + 5,68 µg/ml). Da mesma forma, nos controlos NDM, o genótipo GG apresentou níveis de adiponectina mais elevados do que os genótipos GG+GT (24,24+6,65 vs 21,33+6,34 µg/ml). A associação significativa foi observada entre os níveis de adiponectina no grupo DM2 e no grupo NDM quando seus genótipos são comparados (P < 0,0001) (tabela 13). A figura 23 representa a média + DP dos níveis de adiponectina entre GG e GT+TT entre casos e controles.

Do mesmo modo, a Fig. 26 representa a média + DP dos níveis de adiponectina entre TT e TG+GG nos casos e controlos de DM2 do SNP+45. Os níveis de adiponectina para diferentes genótipos do SNP +45, ou seja, TT e TG+GG, nos grupos de DM2 e de DMN foram estimados, mas a associação não foi considerada significativa (P>0,05). No entanto, o genótipo TT nos casos apresentou níveis de adiponectina mais elevados (12,60+4,97) do que os genótipos GT+GG (11,72+5,45). O mesmo acontece no caso dos indivíduos normais, mas a alteração é menor e estatisticamente insignificante. Os resultados são apresentados no quadro 14.

Tabela 13: Representa os níveis de adiponectina no SNP +276 G/T do gene *ADIPOQ* em vários genótipos entre os casos de DM2 e DMN.

	GG	GT+TT	P value
Adiponectin levels µg/ml (T2DM) (Mean ±SD)	12.92±4.65	10.99± 5.68	<0.0001
Adiponectin levels µg/ml (NDM) (Mean ±SD)	24.24±6.65	21.33±6.34	<0.0001

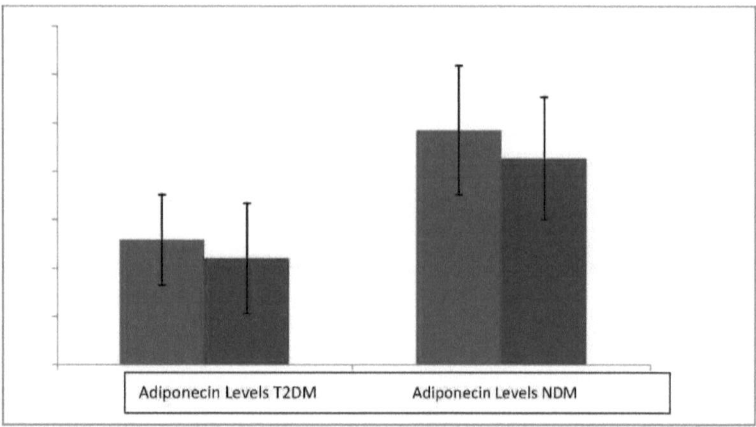

Fig. 23: Histograma mostrando os níveis séricos de adiponectina de cada genótipo de SNP +276 (G/T) em diferentes grupos estudados, significativo do genótipo GG <0,0001.

Adiponectin levels in +45 T/G	TT	GT+GG	P value
Adiponectin levels µg/ml T2DM (Mean ±SD)	12.60±4.97	'11.72 ±5.45	<0.09
Adiponectin levels µg/ml NDM (Mean ±SD)	22.28±7.45	21.59±7.84	<0.43

Tabela 14: Representa os níveis de adiponectina no SNP +45T/G *do* gene *ADIPOQ* em vários genótipos entre casos de DM2 e controlos de DMN

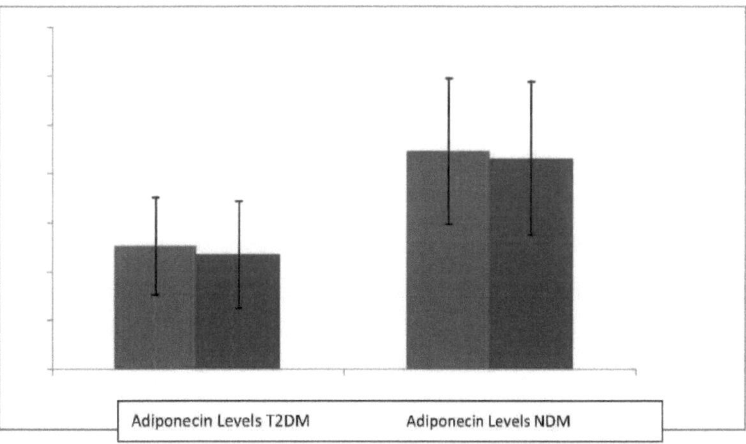

Fig. 24: Histograma mostrando os níveis séricos de adiponectina de cada genótipo do SNP +45 (T/G) nos diferentes grupos estudados, em significância do genótipo TT <0,0001.

CAPÍTULO 6

DISCUSSÃO

A diabetes mellitus (DM), uma doença metabólica crónica, é caracterizada principalmente por níveis elevados de glicose no organismo. Muitos factores estão envolvidos na progressão desta doença, que inclui a redução da secreção de insulina pelo pâncreas, a diminuição da utilização da glicose e o aumento da produção de glicose, o que pode eventualmente levar a danos graves em vários órgãos do corpo, como o coração, os olhos, os rins e os nervos (Kim *et al.*, 2007; Wang *et al.*, 2013). Qualquer tipo de diabetes é igualmente perigoso e aumenta o risco de morte prematura. Estima-se que mais de 400 milhões de pessoas são diabéticos (OMS, 2016). A diabetes é reconhecida como uma das quatro doenças prioritárias não transmissíveis (DNT) visadas pela Declaração Política dos líderes mundiais sobre a prevenção e o controlo das DNT em 2011 (Merloti *et al.*, 2014). 20% do fardo global da diabetes mellitus reside na região do Sudeste Asiático (SEAR), que é suscetível de triplicar até 2025, passando de cerca de 30 milhões para 80 milhões. Para além de muitos factores genéticos e epigenéticos, vários factores relacionados com o estilo de vida desempenham um papel importante no desenvolvimento da diabetes e a obesidade é um dos factores de risco mais fortes (Sauvanet *et al.*, 2003). Estima-se que pelo menos 2,8 milhões de pessoas morrem todos os anos devido à obesidade. Segundo a OMS, em 2015, 3 mil milhões de adultos eram obesos (Guh *et al.*, 2009). A prevalência da obesidade é elevada nos países de rendimento médio e alto, sendo mais do dobro da registada nos países de rendimento médio baixo. A prevenção da diabetes e os encargos que lhe estão associados tornaram-se atualmente um importante problema de saúde a nível mundial (Narayan *et al.*, 2000). Para reduzir os seus encargos para um país, muitos países comprometeram-se a travar o seu aumento, a diminuir as mortes prematuras relacionadas com a diabetes e a síndrome metabólica e a melhorar o acesso a medicamentos essenciais para a diabetes e a tecnologias básicas. Muitos desses programas de prevenção da diabetes ou programas de modificação do estilo de vida foram introduzidos e a tentativa de evitar que indivíduos em risco desenvolvam diabetes tipo 2, o primeiro programa nacional do mundo "O Programa de Prevenção da Diabetes do Serviço Nacional de Saúde (NHS DPP)" deverá começar a ser implementado em Inglaterra este ano, em 2016. Adipócitos - as proteínas secretoras do tecido adiposo têm sido cada vez mais associadas à diabetes e à síndrome metabólica. A desregulação de várias proteínas e factores, como os imunológicos e os derivados do tecido adiposo, conduz à resistência à insulina, à diabetes tipo 2, à doença do fígado gordo, à hipertensão, à dislipidemia, à disfunção endotelial, à aterosclerose, à demência, à doença das vias respiratórias e a alguns cancros. A obesidade e as complicações que lhe estão associadas estão ligadas a um estado inflamatório crónico de baixo grau (Berg e Scherer, 2005; Hotamisligil *et al.*, 2006) que provoca hiperplasia e hipertrofia das células adiposas. Isto provoca uma redução da sensibilidade à insulina devido a desequilíbrios das adipocinas pró e anti-inflamatórias (Skurk *et al.* 2007). Por sua vez, isto conduz a várias doenças vasculares, como a hipertensão, a aterosclerose e a disfunção vascular e endotelial. Esta disfunção endotelial provoca a libertação de óxido nítrico (NO) do endotélio e causa uma diminuição do fluxo sanguíneo para os tecidos-alvo da insulina, contribuindo assim para a resistência à insulina (Kim *et al.*, 2006). Para a prevenção e o tratamento da obesidade e das complicações que lhe estão associadas, é necessária uma investigação sistemática dos factores que afectam a ingestão de energia, a inflamação sistémica de baixo grau, a inflamação adiposa e hepática, o metabolismo e o gasto de energia. Assim, as adipocinas tornaram-se clinicamente importantes como biomarcadores ou alvos para a gestão farmacoterapêutica da obesidade e das doenças com ela relacionadas no futuro. Muitas provas experimentais e epidemiológicas apoiam o papel benéfico de várias adipocinas, envolvidas no metabolismo da glucose. As adipocinas mostraram os seus efeitos através de diferentes vias de sinalização e, através da regulação destes mediadores químicos, algumas adipocinas mostram efeitos positivos enquanto outras têm efeitos prejudiciais no organismo. A leptina, a primeira adipocitocina a ser descoberta, actua como um elo de ligação entre o sistema imunitário e a homeostase energética (Lago *et al.*, 2007), sendo regulada pelo nível energético do organismo, pela ingestão de alimentos, pelas hormonas e por vários outros mediadores inflamatórios.

A leptina actua através da via JAK/STAT (Zabeau *et al.*, 2003) e da via AMPK (Minokoshi *et al.*, 2002). A adiponectina actua de forma inversa à leptina. Tem propriedades pró-angiogénicas e anti-inflamatórias, para além do seu papel na resistência à insulina e na obesidade (Lago *et al.*, 2007; Hopkins *et al.*, 2007). Do mesmo modo, a sobre-expressão da resistina também está associada à resistência à insulina e à dislipidemia (Silha *et al.*, 2003;

Rajala *et al.* 2004; Sato *et al.*, 2005). Os seus níveis estão aumentados na obesidade (Kusminski *et al.*, 2005), uma vez que inibe a captação celular de glucose (Graveleau *et al.*, 2005). Existe um certo grau de interação entre as adipocinas (Fig. 5).

No presente estudo, obtivemos 400 casos de DMT2 na consulta de medicina dentária do hospital SMHS e, entre eles, 289 eram do sexo feminino e 111 do sexo masculino. Assim, o rácio de mulheres para homens foi de 2,6. O número de diabéticos do sexo feminino foi superior ao do sexo masculino. No entanto, a maioria dos estudos epidemiológicos revelou uma predominância do sexo masculino entre os diabéticos (Johnson *et al.*, 1979; Ahren e Corrigen *et al.*,1984; Harris *et al.*,1987). Os dados indianos também revelaram uma tendência semelhante (Campbell, 1963; Multicentric study, 1988). No entanto, no presente estudo, as mulheres apresentaram uma maior prevalência de diabetes mellitus (72,25%) em comparação com os homens (27,75%). Uma vez que as mulheres desta parte do subcontinente indiano têm um estilo de vida sedentário, praticam menos actividades ao ar livre, são donas de casa e, por conseguinte, têm tendência para a obesidade, o que pode ser a razão para o aumento da prevalência da diabetes nestas mulheres em comparação com os homens. Num estudo, a prevalência estimada de diabetes nesta população foi de 6,05%, dos quais 4,03% eram diabéticos conhecidos e 2,02% eram diabéticos não diagnosticados (Bhat *et al.*, 1998; Zargar *et al.*, 2000). Este valor é superior ao de estudos anteriores efectuados na mesma área, em que a prevalência era de 2,02% e 1,89%, respetivamente. Esta diferença pode ser explicada pelo aumento do stress no vale devido à agitação, à alteração do estilo de vida e à composição etária da população selecionada em estudos anteriores.

No presente estudo, os indivíduos diabéticos de tipo 2 apresentaram níveis aumentados de TG, LDL e TC em comparação com os controlos. O aumento dos níveis do perfil lipídico (CT, TG's, TC, LDL) e a diminuição dos níveis de HDL nos casos diabéticos podem dever-se a uma menor atividade física, ao aumento da ingestão calórica e à obesidade. Este aumento dos níveis do perfil lipídico e da peroxidação lipídica entre os diabéticos é favorecido por vários estudos (Irfan *et al.*, 2015). Entre os casos de DM2 e os controlos de DMN, os níveis de adipocinas foram estimados, os níveis de adiponectina foram estatisticamente mais baixos, enquanto os níveis de leptina e resistina foram estatisticamente mais elevados do que os normais (P<0,0001) (Tabela 2). Os resultados do nosso estudo estão em concordância com outros estudos que também mostraram níveis séricos mais elevados de adiponectina associados a um menor risco de desenvolver diabetes entre japoneses, mexicanos e indianos asiáticos (Makoto *et al.,* 2003; Chamukuttan *et al.*,2003; Miguel *et al.*, 2004; Yamamoto *et al.*,2014). A adiponectina demonstrou conferir um benefício tanto em pessoas com como sem resistência à insulina (Yamamoto *et al.*, 2014). Os níveis plasmáticos de adiponectina nos indivíduos diabéticos sem DAC foram encontrados para ser diminuído do que aqueles entre os não-diabéticos (6,6 ± 0,4 versus 7,9 ± 0,5 μg/ml em homens, 7,6 ± 0,7 versus 11,7 ± 1,0 μg/ml em mulheres; P <0,001) (Hotta *et al.*, 2000). Gharibeh *et al.*, 2010 revelaram que os níveis de resistina eram mais elevados nos casos diabéticos do que nos controlos (p<0,001) (Gharibeh *et al.*,2010).

Também observámos que, num estudo comparativo entre grupos, os casos de obesidade não diabética apresentavam níveis mais baixos de adiponectina, enquanto a resistina e a leptina apresentavam níveis mais elevados do que os obesos diabéticos e os obesos não diabéticos (Tabela 3). Observámos associações não significativas entre os grupos de obesos diabéticos e obesos não diabéticos e entre o grupo de não obesos diabéticos (controlo) e o grupo de não obesos diabéticos (p>0,05). Os níveis de adipocinas no Grupo B1 (obesos não diabéticos) mostraram-se mais afectados do que nos outros grupos. Isto confirma que os níveis de adipocinas são mais afectados pela adiposidade do que pela diabetes. Um estudo realizado na população japonesa também observou que os níveis séricos de leptina estavam aumentados, enquanto a adiponectina diminuía nos indivíduos obesos diabéticos susceptíveis de sofrer de aterosclerose. Neste estudo, a razão leptina / adiponectina atua como um biomarcador para aterosclerose em pacientes diabéticos obesos tipo 2, o que está em concordância com nosso estudo, onde também observamos altos níveis de leptina (29,53 ± 4,68ng/ml) e baixos níveis de adiponectina (12,9 ± 2,9 μg/ml) em obesos com casos diabéticos do que diabéticos não obesos. Os níveis séricos de resistina, leptina e adiponectina foram significativamente mais elevados nas mulheres do que nos homens (P < 0,01) entre homens e mulheres caucasianos. Os níveis de adiponectina foram significativamente mais baixos nos casos obesos do que nos magros (P <0,005), enquanto os níveis de leptina foram significativamente mais elevados nos indivíduos obesos e nas mulheres (Yukio *et al.*, 1999; Silha *et al.*, 2003; Snijder *et al.*, 2006). As concentrações plasmáticas de resistina foram maiores em pacientes obesos diabéticos tipo 2 do que em indivíduos obesos não diabéticos (P <0,01) (Gharibeh *et al.*, 2010), o que é favorável ao nosso estudo. Num estudo transversal, verificou-se que os níveis de leptina, índice de leptina livre, adiponectina e resistina estavam correlacionados positivamente com a massa gorda corporal (Yannakoulia *et al.*, 2003). Foi demonstrado que os níveis de leptina estar aumentado em mulheres obesas com pré-eclâmpsia grave (33,4 ± 14,8 vs 23,0 ± 10,8 ng/ml respetivamente, P = .02) e diminuição dos níveis de adiponectina (8,4 ± 5,3 vs 12,6 ± 6,0 ng/ml, P = .03) em comparação com mulheres com peso normal. Não foi encontrada associação entre os níveis de resistina e a pré-eclâmpsia ou o IMC materno (Hendler *et al.*,2005). No entanto, alguns estudos são contraditórios com o nosso estudo. Um estudo transversal observou que os níveis de resistina sérica não se correlacionavam com o IMC ou com a resistência à insulina e observou uma associação não significativa dos níveis de resistina sérica entre adolescentes magros saudáveis e obesos resistentes à insulina, não diabéticos e diabéticos de tipo 2 (Lee *et al.*, 2003). Do mesmo modo, não se verificou que níveis elevados de leptina estivessem independentemente associados à diabetes mellitus após o ajuste para o IMC (Bandaru *et al.*, 2011).

O presente estudo de caso-controlo foi realizado para investigar a associação entre o polimorfismo do gene *ADIPOQ* e o risco de desenvolver diabetes tipo 2 e SM numa população da Caxemira. Observámos uma associação não significativa no SNP+45 do gene *ADIPOQ* e uma associação estatisticamente significativa no SNP+276 do gene *ADIPOQ* na população da Caxemira. Observou-se que a variante T para G do SNP +45 não foi associada ao risco de desenvolver diabetes e síndrome metabólica. No entanto, verificou-se que +276 (G/T) do gene *ADIPOQ* estava significativamente associado ao risco de desenvolver diabetes tipo 2 e síndrome metabólica, sugerindo que o genótipo variante (GT+TT) desempenha um papel importante na etiologia da diabetes mellitus tipo 2 e da síndrome metabólica. Tanto quanto é do nosso conhecimento, este é o primeiro relatório sobre este polimorfismo do gene *ADIPOQ* numa população da Caxemira. Vários estudos observaram a associação entre o polimorfismo do gene *ADIPOQ* e o risco da doença; um estudo de caso-controlo entre os povos Yi e Han (povo do sudoeste da China), também observou uma associação estatisticamente não significativa do SNP +45 quando os casos de GDM e não-GDM foram comparados (p> 0,05) (Wang *et al.*, 2011). Da mesma forma, os mesmos resultados foram observados em populações italianas, francesas e suecas, que também não observaram qualquer associação entre o SNP+ 45 T > G do gene da adiponectina e a resistência à insulina. Este facto pode dever-se a variações no grupo étnico (Vasseur *et al.*, 2002; Nannipieri *et al.*, 2006; Harvest *et al.*, 2004; Filippi *et al.*,2004). Um estudo realizado entre egípcios, tiwaneses, causianos, população do norte da Índia mostrou associação significativa entre SNP +276 em MetS e Diabetes em indivíduos idosos (Wei-Shiung *et al.*,2007; Frank *et al.*,2012; Prakash et al.,2015; Elbaky et al., 2016) e o presente estudo também mostrou que o alelo G do SNP +276 está associado a um menor risco de desenvolver MetS e diabetes nesta população étnica. Beltcheva *et al.*, 2014 examinaram a associação de três SNP's comuns do gene da adiponectina (-11377 C/G, +45 T/G e +276 G/T) e GDM. Os resultados revelaram uma associação entre SNP +276 G/T e GDM, mas não com outros. Entre

Na população chinesa han e iraniana, não foi observada associação entre SNP+276 e DM2 (OR = 0,90; IC 95%, 0,73-1,10; P = 0,31), mas mostrou associação significativa de SNP+45 em casos de DM2, o que está em contradição com o nosso presente estudo (Mohammadzadeh e Nosratollah, 2009 Yiping *et al.*, 2011) Da mesma forma, o alelo *ADIPOQ* SNP +45G (TG + GG) e SNP + 276G / T mostraram uma associação significativa com o risco de SM e diabetes (Momin *et al.*,2016). Alguns estudos anteriores também encontraram uma associação entre o SNP +45 T / G do gene *ADIPOQ* e a obesidade, tanto em indivíduos saudáveis quanto em pacientes com DM2 (Menzaghi *et al.*, 2002: Menzaghi *et al.*, 2007). Na população chinesa Han, ambos os SNP's +276 e +45 mostraram associações significativas com a SOP (Zhang *et al.*, 2008). Um estudo efectuado por Lee *et al.* concluiu que os SNP +45T > G e +276G > T do gene *ADIPOQ* não são considerados determinantes da resistência à insulina ou da DM2 em indivíduos coreanos (Lee *et al.*, 2005). Pode inferir-se da literatura que as diferenças de raça, a soma da amostra, doenças complicadas, etc. seriam responsáveis por estas diferenças.

No presente estudo, observámos os níveis de adiponectina em vários genótipos de SNP+45 e SNP+276 do gene *ADIPOQ* entre casos de DM2 e controlos de DMN. Os níveis de adiponectina dos portadores do genótipo GT+TT foram significativamente mais baixos do que os do genótipo GG, tanto nos casos como nos normais, no caso do SNP+276. Também observámos níveis de adiponectina mais elevados nos genótipos TT do que nos genótipos TG+GG no caso do SNP+45, mas não são estatisticamente significativos entre os diferentes grupos estudados. Assim, entre ambos os SNP do gene *ADIPOQ*, foram observados níveis baixos de adiponectina sérica no alelo T. O estudo é apoiado por outros vários estudos em que os níveis de adiponectina entre pacientes diabéticos com portadores do genótipo GT/TT foi significativamente menor do que aqueles com o genótipo GG de SNP + 276 (Mather *et al.*, 2012; Ramya *et al.*, 2013; Elbaky *et al.*, 2016). O presente estudo não mostrou qualquer associação entre o SNP +45 T > G no gene da adiponectina e a adiponectina circulante, o que é inconsistente com os resultados de vários estudos (Low *et al.*,2011; *et al.*, 2007; Guzman-Ornelas *et al.*,2012). Rizk *et al.*, 2012 também investigou no seu estudo entre a população árabe no Qatar que não havia diferença nos níveis de adiponectina circulante entre pacientes com DMG em diferentes genótipos de SNP +45 T > G (Rizk *et al.*,2012). Mas alguns estudos também relataram a associação do SNP +45 T > G com os níveis circulantes de adiponectina (Li *et al.*, 2007; Guzman-Ornelas *et al.*,2012). Estes dados indicam um possível papel do genótipo TG+GG na diminuição dos níveis séricos de adiponectina e no risco de desenvolver DMT2. No entanto, os resultados precisam de ser verificados por outros estudos.

O SNP +276T/G é um intrão, os mecanismos moleculares exactos que seriam responsáveis pela sua associação com a DMT2 são ainda desconhecidos. Um mecanismo possível seria o efeito desta mutação que pode afetar a resistência à insulina e isto pode ser devido a alterações na estabilidade e expressão do ARNm, o que, em última análise, leva à redução dos níveis de adiponectina e da concentração circulante de adiponectina. O desequilíbrio de ligação do SNP +45 T > G com outros SNPs funcionais no gene da adiponectina, em particular o SNP +276 G > T, a variação na origem étnica, os factores ambientais, o tamanho da amostra e o tipo de estudo podem explicar as discrepâncias entre os estudos. Finalmente, neste estudo, considerámos apenas as concentrações totais de adiponectina, enquanto no plasma humano, a adiponectina circula nas formas trimérica, hexamérica e oligomérica, que podem ser responsáveis pelos efeitos sensibilizadores da insulina da adiponectina (Lara-Castro *et al.*,2006).

CAPÍTULO 7

CONCLUSÃO

Os resultados do nosso estudo mostraram que os níveis de adipocinas, ou seja, os níveis de adiponectina, resistina e leptina, estão associados à diabetes mellitus de tipo 2 nesta população da Caxemira. Os níveis de adiponectina diminuem, ao passo que os níveis de leptina e de resistina aumentam nos casos de diabetes mellitus e de obesidade. Este estudo confirma o valor das adipocinas na obesidade, uma vez que a obesidade é mais regulada pela alteração dos níveis de adipocinas do que a diabetes por si só. O presente estudo sugere que o polimorfismo +276G>T do gene ADIPOQ pode estar associado à suscetibilidade à DMT2 na população da Caxemira. No entanto, parece que o polimorfismo +45 T/G não é um fator de risco para a suscetibilidade à diabetes e à síndrome metabólica na população da Caxemira. Verificou-se também que os portadores do SNP +276 (GT+TT) estavam associados a hipoadiponectinemia em comparação com o genótipo GG em casos de diabetes mellitus de tipo 2. No entanto, os portadores do SNP+45 (TG+GG) apresentam uma associação não significativa em comparação com o genótipo TT entre casos e controlos. O mecanismo ainda é desconhecido.

Devido a diferenças históricas, culturais, religiosas e linguísticas, a população da Caxemira apresenta uma grande diversidade genética. Assim, é necessária uma análise adicional com um tamanho de amostra maior para clarificar a verdadeira contribuição destas adipocinas e do polimorfismo genético na suscetibilidade à diabetes mellitus tipo 2 e à síndrome metabólica em diferentes populações mundiais. Por conseguinte, são ainda necessários estudos futuros que utilizem genotipagem padronizada e não enviesada para confirmar e explicar melhor estes resultados. Além disso, nos futuros planos de tratamento da diabetes mellitus e da obesidade, as adipocinas devem ser tidas em conta juntamente com os genótipos do SNP ADIPOQ dos indivíduos.

REFERÊNCIAS

Abd-Elbaky, A.E., Abo-El Matt,D.M., Mesbah,N.M., Saleh, S.M., Hamid.A.M.(2016). Polimorfismos dos genes da adiponectina (+276 G/T), fatoralfa da necrose tumoral (-308 G/A) e interleucina-6 (-174 C/G) em pacientes diabéticos egípcios tipo 2. *Jornal de Diabetes e Metabolismo.* **7**(5): 1000673

Ahima, R.S. e Flier, J. S.(2000). "Leptin", *Annual Review of Physiology*, **62**: 413-437.

Ahima, R.S., Prabakaran, D., Mantzoros, C., Qu, D., Lowell, B., Maratos-Flier, E., Flier, J.S.(1996). Role ofleptin in the neuroendocrine response to fasting. *Nature.* **382**(6588):250-2.

Ahren, B., Corrigen, C.B.(1984). Prevalência de DM no noroeste da Tanzânia. *Diabetologia.* **126**: 333-336.

Ahren, B., Havel, P.J. (1999) A leptina inibe a secreção de insulina induzida por cAMP celular numa linha de células B pancreáticas (células INS-1). *American Journal of Physiology* .n **277**:959-66.

Arfa, I., Abid, A. e Malouche, D. (2007). Agregação familiar e transmissão materna excessiva de diabetes tipo 2 na Tunísia. *Postgrad. Med. J.* **833**: 48-51.

Arita, Y., Kihara, S., Ouchi, N. (2002) A proteína plasmática derivada dos adipócitos, adiponectina, actua como uma proteína de ligação ao fator de crescimento derivado das plaquetas-BB e regula o sinal pós-recetor comum induzido pelo fator de crescimento nas células musculares lisas vasculares. *Circulation.* **105**:2893-2898.

Bak, J.F., Moller, N., Schmitz, O., Saaek, A., Pedersen, O.(1992). Ação da insulina in vivo e atividade da glicogénio sintase muscular na diabetes mellitus tipo 2 (não dependente de insulina): Efeitos do tratamento dietético.

Diabetologia. **35**:777-784.

Balistreri, C.R., Caruso, C., Candore, G. (2010). Artigo de Revisão O Papel do Tecido Adiposo e das Adipocinas nas Doenças Inflamatórias Relacionadas com a

Bandaru, P., e Shankar, A.(2011). Associação entre os níveis de leptina plasmática e diabetes mellitus. Metab. Syndr. Relat .Disord. 9(1): 19-23.

Banting, F.G., Best, C.H., Collip, J.B., Campbell, W.R., Fletcher, A.A.(1991). "Pancreatic extracts in the treatment of diabetes mellitus: preliminary report. 1922". CMAJ, 145 (10): 1281-6.

Barseghian, A., Gawande, D., Bajaj, M. (2011). Adiponectina e placas ateroscleróticas vulneráveis. Journal of American College of Cardiology. 57(7): 761-770.

Bastard, J.P., Maachi, M., Lagathu, .C, Kim, M.J., Caron, M., Vidal, H., Capeau, J., Feve, B. (2006). Avanços recentes na relação entre obesidade, inflamação e resistência à insulina.Eur. Cytokine Netw. 17(1):4- 12.

Bastard, J.P., Maachi, M., Van-Nhieu, T.J., Jardel, C., Bruckert, E., Grimaldi, A., Robert, J.J., Capeau, J., Hainque, B.(2002). Adipose tissue IL-6 content correlates with resistance to insulin activation of glucose uptake both in vivo and in vitro. J. Clin. Endocrinol Metab. 87:2084-2089

Beltcheva, O., Boyadzhieva, M., Angelova, O., Mitev, V., Kaneva, R., Atanasova, I.(2014). O polimorfismo de nucleotídeo único rs266729 no gene da adiponectina mostra associação com diabetes gestacional .Arch. Gynecol. Obstet. 289(4):743-8.

Beltowski, J. (2006). Leptin andArtherosclerosis. Atherosclerosis, 189(1): 47-60.

Ben-Sefer, E., Ben-Natan, M., Ehrenfeld, M.(2009). "Childhood obesity: current literature, policy and implications for practice," International Nursing Review, 56(2):166-173.

Berg, A.H e Scherer, P.E.(2005). Tecido adiposo, inflamação e doenças cardiovasculares.Circ. Res. 96(9):939-49.

Bhat, N.A., Kamili, M.A., Shah, P.A., Khalida, S.A., Nafee, A., Allaqband. G.Q.(1998). NIDDM in south Kashmir. The Indian Practioner. 51: 936-939.

Bluher, M.(2010). The distinction of metabolically 'healthy' from 'unhealthy' obese individuals. Curr Opin. Lipidol. 21: 38-43.

Brennan, A.M., Li, T.Y., Kelesidis, I., Gavrila, A., Hu, F.B., Mantzoros, C.S.(2007). Os níveis de leptina circulante não estão associados à morbilidade e mortalidade cardiovasculares em mulheres com diabetes: um estudo de coorte prospetivo.
Diabetologia. 50(6):1178-85.

Bryan e Jenny (2004). Just the Facts Diabetes (Apenas os Factos sobre a Diabetes). Chicago, Illinois: Biblioteca Heinemann, uma divisão da Reed Elsevier Inc. 7. ISBN 1-4034-46008.

Burguera, B., Couce, M.E.,Long, J., Lamsam, J., Laakso, K., Jensen, M.D., Parisi, J.E.,Lloyd ,R.V.(2000). A forma longa do recetor da leptina (OB-Rb) é amplamente expressa no cérebro humano.Neuroendocrinology.71: 187- 195.

Campbell, GD. (1963).Diabetes em asiáticos e africanos em Durban e arredores. África do Sul. Med. J. 47: 430.

Cancello, R. e Clement, K. (2006). "A obesidade é uma doença inflamatória? Role of low-grade inflammation and macrophage infiltration in human white adipose tissue," International Journal of Obstetrics & Gynaecology, 113(10), 1141-1147.

Carey, V.J., Walters, E.E., Colditz, G.A., Solomon, C.G., Willett, W.C., Rosner, B.A. et al. (1997).Body fat distribution and risk of non-insulindependent diabetes mellitus in women. The Nurses' Health Study. Am J Epidemiol 1-4, 145: 614-619.

Casabiell, X., Pineiro, V.,Tome, M.A., Peino, R.,Dieguez, C., Casanueva, F.F.(1997). Presença de leptina no colostro e/ou leite materno de mães lactantes: um papel potencial na regulação da ingestão alimentar neonatal. J Clin Endocrinol Metab . 82:4270- 4273.

Chamukuttan, S., Bheekamchand, M.,Mary, S., Vijay, V., Steven, M. H. Ambady, R.(2003).Plasma Adiponectin Is an Independent Predictor of Type 2 Diabetes in Asian Indians. Diabetes Care, 26(12): 3226-3229.

Chan, J.M., Rimm, E.B., Colditz, G.A., Stampfer, M.J., Willett, W.C.(1994). Obesidade, distribuição de gordura e aumento de peso como factores de risco para diabetes clínica em homens. Diabetes Care. 17: 961-969.

Chang, C. L., Lin, Y., Bartolome, A. P., Chen, Y.C, Chiu, S. C., Yang, W. C.(2013).Herbal therapies for type 2 diabetes mellitus: chemistry,biology, and potential application of selected plants and compounds. ComplementoAlternat. baseado em evidências. Me.:378657.

Chen, J., Wang, L., Boeg, Y.S., Xia, B., Wang, J. (2002). Dimerização diferencial e associação entre proteínas da família da resistina com implicações para a especificidade funcional. J. Endocrinol. 175:499-504.

Chen, J., Wang, L., Boeg, Y.S., Xia, B., Wang. J.(2002). Dimerização diferencial e associação entre proteínas da família da resistina com implicações para a especificidade funcional. J. Endocrinol. 175:499-504.

Chong, A.Y., Lupsa, B.C., Cochran, E.K., Gorden, P.(2010). Eficácia da terapia com leptina nas diferentes formas de lipodistrofia humana. Diabetologia. 53:27-35.

Chu, S., Ding, W., Li, K, Pang, Y., Tang, C. (2008). A resistência plasmática associada à lesão do miocárdio em pacientes com síndrome coronária aguda. Circ J. 72:1249-1253.

Cinti, S.,Mitchell,G., Barbatelli,G. (2005). "A morte dos adipócitos define a localização e a função dos macrófagos no tecido adiposo de ratinhos e humanos obesos", Journal of Lipid Research, 46(11): 2347-2355.

Cnop, M., Havel, P.J., Utzschneider, K.M., Carr, D.B., Sinha, M.K., Boyko, E.J.(2003). Relação da adiponectina com a distribuição da gordura corporal, sensibilidade à insulina e lipoproteínas plasmáticas: evidência de papéis independentes da idade e do sexo. Diabetologia; 46: 459-469.

Colagiuri, R., Girgis, S., Eigenmann, C. (2009). National evidenced based guideline for patient education in type 2 diabetes. Camberra: Diabetes Australia e NHMRC.

Colditz, G.A., Willett, W.C., Rotnitzky, A., Manson, J.E. (1995). O aumento de peso como fator de risco para a diabetes mellitus clínica nas mulheres. Ann Intern Med, 122:481-486.

Conde, J., Scotece, M., Gomez, R., Lopez, V., Gomez-Reino, J.J., Lago, F., Gualillo, O.(2011).Adipokines: biofactores do tecido adiposo branco. Um eixo complexo entre inflamação, metabolismo e imunidade. Biofactores. 37(6):413-20.

Cornelis, M.C. e Hu, F.B. (2012). Interações gene-ambiente no desenvolvimento de diabetes tipo 2: progresso recente e desafios contínuos.Annu. Rev. Nutr. 32:245-59.

Miranvill A., C., Diehl, M., Tonus, C., Curat, C.A, e, Sengenes, Busse, R., From blood monocytes to adipose tissue-Bouloumie, A.(2004). residente indução de macrófagos diapedese adipócitos maduros humanos: de   por   Diabetes. 53:12851292.

Czyzyk, A. e Szczepanik, Z.(2000). Diabetes mellitus e cancro. Eur. J. Intern. Med. 11:245-252.

Dehghan M., Akhtar-Danesh, N., Merchant, A.T.(2005). "Childhood obesity, prevalence and prevention,"'Nutrition Journal, 4(24). 1-8.

Depaula, A.L., Macedo, A.L., Rassi, N., Vencio, S., Machado, C.A., Mota, B.R., Silva, L.Q., Halpern, A., Schraibman V.(2008). Tratamento laparoscópico da síndrome metabólica em pacientes com diabetes mellitus tipo 2. Surg.Endosc. 22(12):2670-2678.

Devaraj, S., Singh, U., Jialal, I.(2009). The evolving role of C-reactive protein in atherothrombosis (O papel evolutivo da proteína C-reactiva na aterotrombose). Clin. Chem. 55:229-238.

Diagnóstico e Classificação da Diabetes Mellitus Associação Americana de Diabetes Diabetes Care 2009 Jan; 32(Suplemento 1): S62-S67.

Diez, J.J. e Iglesias, P.(2003). The role of the novel adipocyte-derived hormone adiponectin in human disease. Eur. J. Endocrinol. 148(3):293- 300.

Dobson, M. (1776). "Natureza da urina no diabetes". Observações e inquéritos médicos. 5: 298-310.

Duncan, B.B., Schmidt, M.I., Pankow, J.S., Bang, H., Couper, D., Ballantyne, C.M.,

Hoogeveen, R.C., Heiss, G.(2004). Adiponectin and the development of type 2 diabetes: the Atherosclerosis Risk in Communities Study. Diabetes, 53: 2473-2478.

Dunning B. E. e Gerich J. E. (2007). O papel da desregulação das células alfa na hiperglicemia de jejum e pós-prandial no diabetes tipo 2 e implicações terapêuticas. Endocr. Rev. 28: 253-283.

Ebihara, K., et al.(2007). Eficácia e segurança da terapia de substituição da leptina e possíveis mecanismos de ação da leptina em pacientes com lipodistrofia generalizada. The Journal of clinical endocrinology and metabolism.92:532-541.

Ehrhart,   B.M., Karen,A.,Alexander,W.K.,Werner,A.S.,Stephan,R.B.(2009).Fat Cells May Be the Obesity-Hypertension Link: Human Adipogenic Factors Stimulate Aldosterone Secretion from Adrenocortical Cells.Endocrine Research,30(4):865-70.

Eliasson M., Lindahl B., Lundberg, V., Stegmayr, B. (2002). Sem aumento da prevalência de diabetes conhecida entre 1986 e 1999 em indivíduos com 2564 anos de idade no norte da Suécia. Diabetic medicine, 19(10):874-880.

F. Lago, R.G'omez, J. J., G'omez-Reino. (2009). "Adipokines as novel modulators of lipidmetabolism," Trends in Biochemical Sciences,34:500- 510.

Fantuzzi, G. (2008). "Adiponectin and inflammation: consensus and controversy," Journal of Allergy and Clinical Immunology, 121(2): 326330.

Fantuzzi, G. and Faggioni, R.(2000).Leptin in the regulation of immunity, inflammation, and hematopoiesis. J. Leukoc. Biol. 68:437-446.

Farooqi, I.S. e O'Rahilly, S.(2009). Leptin: a pivotal regulator of human energy homeostasis.Am. J. Clin. Nutr. 89(3):980S-984S.

Farooqi, I.S., Jebb, S.A., Langmack, G., Lawrence, E., Cheetham, C.H., Prentice, A.M., Hughes, I.A., McCamish, M.A., O'Rahilly, S.(1999). Effects of recombinant leptin therapy in a child with congenital leptin deficiency (Efeitos da terapia com leptina recombinante numa criança com deficiência congénita de leptina). N. Engl. J. Med. 341(12):879-84.

Filippi, E., et al. (2005). O SNP+276G>T do gene da adiponectina está associado à doença arterial coronária de início precoce e a níveis mais baixos de adiponectina em doentes mais jovens com doença arterial coronária. Med. (Berl),83 (9):711.

Filkova, M., Haluzik, M., Gay, S., Senolt, L.(2009). O papel da resistina como regulador da inflamação: implicações para várias patologias humanas. Clin. Immunol. 133:157-170.

Frank, W. B., Christian, K. R., Matthew, J. L.(2012). A falta de exercício é uma das principais causas de doenças crónicas. Compr. Physiol. 2(2): 1143-1211.

Freidenberg, G.R., Reichart, D., Olefsky, J.M., Henry, R.R.(1988). Reversibilidade   de Atividade defeituosa da quinase do recetor de insulina nos adipócitos na diabetes mellitus não insulino-dependente. Efeito da perda de peso. J. Clin. Invest. 82:1398-1406.

Friedman, J.M. e Halaas, J.L.(1998). Leptin and the regulation of body weight in mammals. Nature,395:763-770.

Galic, S., Oakhill, J.S., Steinberg G. (2009). O tecido adiposo como um órgão endócrino. Molecular and Cellular Endocrinology. 316: 129-139.

Gerber, M., Boettner, A., Seidel, B., Lammert, A., Bar, J., Schuster, E., et al(2005). Níveis de resistina no soro de crianças e adolescentes obesos e magros: análise bioquímica e relevância clínica. J.Clin. Endocrinol. Metab. 90:4503-4509.

Gesta, S., Tseng, Y. H. e Kahn, C. R.(2007). "Developmental origin of fat: tracking obesity to its source,". Cell,131(2):242-256.

Gharbi, M., Akrout, M., Zouari, B. (2002). Prevalência e factores de risco da diabetes mellitus não insulino-dependente na população rural e urbana da Tunísia. Rev. Epidemiol. Sante.Publique. 503: 49-55.

Gharibeh, M.Y., Tawallbeh, G.M., Abboud, MM, Radaideh, A., Alhader, A.A., Khabour, O.F.(2010). Correlação da resistina plasmática com a obesidade e a resistência à insulina em pacientes diabéticos tipo 2. Diabetes Metab. 36:443-449. Ghosh, S., Singh, A.K., Aruna, B., Mukhopadhyay, S., Ehtesham, N.Z.(2003). A organização genómica da resistina do rato revela grandes diferenças em relação à resistina humana: implicações funcionais. Gene. 305:27-34

Organização Mundial de Saúde.(2011).Relatório Global sobre a Diabetes .

Gnacinska, M., Malgorzewicz, S., Stojek, M., Lysiak-Szydlowska, W., Sworczak, K.(2009). Role of adipokines in complications related to obesity: areview. Adv. Med. Sci.54:150-157.

Goldstein, J e Scalia R. (2004). Adiponectina: A Novel Adipokine Linking Adipocytes and Vascular Function.2004. O Jornal de Endocrinologia Clínica e Metabolismo. 89(6).

Graveleau, C., Zaha, V.G., Mohajer, A., Banerjee, R.R., DudleyRuckerN., Steppan, C.M.,Rajala, M.W., Scherer, P.E., Ahima,R.S., Lazar, M.A. et al.(2005). As resistinas de rato e humanas prejudicam o transporte de glicose em cardiomiócitos primários de rato, e a oligomerização é necessária para esta ação biológica. Journal ofBiological Chemistry. 280: 31679-31685.

Green, E.D., Maffei, M.,Braden, V.V., Proenca, R.,DeSilva, U., Zhang, Y., Chua, S.C. Jr., Leibel, R.L.,Weissenbach, J., Friedman, J.M.(1995). O gene do obeso humano (OB). Padrão de expressão do ARN e mapeamento nos mapas físico, citogenético e genético do cromossoma 7. Genome Res . 5: 5-12.

Grundy, S.M., Cleeman, J.I., Daniels, S.R., Donato, K.A., Eckel, R.H., Franklin, B.A., Gordon, D.J., Krauss, R.M., Savage, P.J., Smith, S.C. Jr., Spertus, J.A., Costa, F.(2005). Diagnosis and management of the metabolic syndrome: an American Heart Association/National Heart, Lung, and Blood Institute Scientific Statement. Circulation. 112(17):2735- 52.

Guh, D.P., Zhang,W.,Bansback,N., Amarsi, Z., Birmingham, C.L., Anis, A.H.(2009). "The incidence of co-morbidities related to obesity and overweight: a systematic review and meta-analysis," BMC Public Health, vol. 9, article 88, 2009.

Guzman-Ornelas, M,O., Chavarria-Avila, E., Munoz-Valle, J.F., Armas-Ramos, L.E., Castro-Albarran, J., Aguilar Aldrete, M.E., Oregon-Romero, E., Vazquez-Del, M.M., Navarro-Hernandez, R.E.(2012). Associação do polimorfismo ADIPOQ +45T>G com massa gorda corporal e níveis sanguíneos de adiponectina solúvel e marcadores de inflamação numa população mexicana-mestiça.Diabetes Metab. Syndr. Obes. 5:369-78.

Hajer, G.R., Van Haeften, T.W., Visseren, F.L. (2008).Disfunção do tecido adiposo na obesidade, diabetes e doenças vasculares.Eur. Heart J. 29(24):2959-71.

Halaas, J.L., Gajiwala, K.S., Maffei, M., Cohen, S.L., Chait, B.T., Rabinowitz, D., Lallone, R.L., Burley, S.K., Friedman, J.M.(1995). Efeitos redutores de peso da proteína plasmática codificada pelo gene da obesidade. Science, 269(5223):543-6.

Hara, K., Boutin, P., Mori, Y., Tobe, K., Dina, C., Yasuda, K., Yamauchi, T., Otabe, S., Okada, T., Eto, K., Kadowaki, H., Hagura, R., Akanuma, Y.,

Yazaki, Y., Nagai, R., Taniyama, M., Matsubara, K., Yoda, M., Nakano, Y., Tomita, M., Kimura, S., Ito, C., Froguel, P., Kadowaki, T. (2002). A variação genética no gene que codifica a adiponectina está associada a um risco acrescido de diabetes tipo 2 na população japonesa. Diabetes, 51(2):536-40.

Harris, M.I.(1991). Epidemiologic correlated of NIDDM in Hispanics, whites and blacks in the US population. Diabetes Care, 14(suppl3):639- 648.

Harris, M.I., Hadden, W.C., Knowler, W.C., Bennet, P.H.(1987). Prevalence of diabetes and impaired glucose tolerance and plasma glucose levels in the US population. Diabetes, 36: 523-534.

Hartge, M.M., Unger, T., Kintscher, U.(2007). O endotélio e a inflamação vascular na diabetes.Diab. Vasc. Dis. Res. 4(2):84-8.

Harvest, F. Gu., A., Claes-Goran, O.,H., Claes, W.,Anthony,Adili, Keith, J.
B., Efendic.(2004). Nucleotide in the Proximal Single   Polimorfismos   Promotor
A região do gene da adiponectina (APM1) está associada à diabetes tipo 2 em caucasianos suecos. 53(suppl 1): S31-S35.

Haus, J.M., Solomon, T.P.J., Marchetti, C.M., Edmison, J.M., Gonzalez, F., Kirwan, J.P.(2010). A resistência à insulina hepática induzida por ácidos gordos livres é atenuada após intervenção no estilo de vida em indivíduos obesos com tolerância à glicose diminuída.

Journal of clinical endocrinology and metabolism, 95(suppl 1):323-327.

Hegyi, K., Fulop, K., Kovacs, K., Toth, S., Falus, A. (2004). Vias de transdução de sinal induzidas pela leptina.Cell.Biol. Int. 28:159-169.

Hendler I., Sean, C. B., Shobha, H. M., Janice E. W., Evelyne, R., Yoram, S., David, B. C. (2005). Os níveis de leptina, adiponectina e resistina em grávidas com peso normal, excesso de peso e obesas com e sem pré-eclâmpsia. Americanjournal of obstetrics and gynecology,193(3): 979983.

Henson, M.C., Swan, K.F.,O·Neil, J.S.(1998). Expression of placental leptin and leptin recetor transcripts in early pregnancy and at term. Obstet Gynecol.92: 1020- 1028.

Himms-Hagen, J. (1990). Termogénese do tecido adiposo castanho: estudos interdisciplinares. FASEB. 4(11):2890-8.

Himsworth. (1936). "Diabetes mellitus: sua diferenciação em tipos insulinsensíveis e insensíveis à insulina". Lancet. 227: (5864): 127-30.

Hopkins ,T.A.,Ouchi, N.,Shibata, R.,Walsh, K.(2007). Acções da adiponectina no sistema cardiovascular. Cardiovascular Research. 74 :11-18.

Hotamisligil, G. S., Shargill, N. S., Spiegelman, B. M. (1993). "Adipose expression of tumor necrosis fator-a: direct role in obesity-linked insulin resistance".Science, 259(5091):87-91.

Hotamisligil, G.S.(2006). Inflamação e doenças metabólicas. Nature 14-12, 444: 860-867.

Hotta, K., Funahashi, T., Y,. M., M., Arita,Takahashi,Matsuda,Okamoto,Y., Iwahashi, H., Kuriyama, H., Ouchi, N., Maeda, K., Nishida, M., Kihara, S., Sakai,Y.,N., Nakajima,T., Hasegawa, K., Muraguchi, M., Ohmoto, Nakamura, T., Yamashita, S., Hanafusa, T., Matsuzawa, Y.(2000).Concentrações plasmáticas de uma nova proteína específica do tecido adiposo, a adiponectina, em doentes diabéticos de tipo 2. Arterioscler Thromb Vasc Biol. 20(6):1595-9.S
Hribal, M.L., Oriente, F., Accili, D.(2002). Modelos de ratos com resistência à insulina. Am. J. Physiol. Endocrinol. Metab. 282(5):E977-81.

Hu, E., Liang, P., Spiegelman, B.M. (1996). AdipoQ é um novo gene específico da adiposidade desregulado na obesidade. J. Biol. Chem. 271:10697-10703.

Hussain, A., Claussen, B., Ramachandran, A., Williams, R.(2007).Prevenção da Diabetes tipo 2: uma revisão. Diabetes research and clinical practice,76:317-326.

Inadera,H.(2008). A utilidade dos níveis de adipocinas circulantes para a avaliação de problemas de saúde relacionados com a obesidade. Int. J. Med. Sci. 5(5): 248262.

Irfan, M., Rabia, F., Rawoof, M., Rawath,D.S., Shajrul, A., Nida, H ., Sabhiya, M.(2015). Estimativa dos níveis de peroxidação lipídica e perfil lipídico em pacientes com Diabetes Mellitus Tipo II do vale da Caxemira. Int.J.Adv.Lif.Sci.8(4): 448-55.

Isse, N., Ogawa, Y., Tamura, N., Masuzaki, H., Mori, K., Okazaki, T., Satoh, N., Shigemoto, M., Yoshimasa, Y., Nishi, S., Hosoda, K., Inazawa, J., Nakao, K. (1995). Organização estrutural e atribuição cromossómica do gene da obesidade humana. J. Biol. Chem. 270: 27728-27733.

Iyengar, P., Combs,T.P., Shalin, J. S., Valerie, G.E.,Chris,Jeffrey, W.P.,A.,Louise, F., Martin, P. T., Chandan, G., Michael, P. L., Richard, G. P., e Philipp, E. S.(2003). Adipocyte-secreted factors synergistically mammar promote y tumorigenesis through induction of anti-apoptotic transcriptional programs and proto-oncogene stabilization. Oncogene , 22:6408-6423.
Janke, J., Engeli, S., Gorzelniak, K., Luft, F.C., Sharma, A.M. (2002). A expressão do gene da resistina em adipócitos humanos não está relacionada com a resistência à insulina. Obes. Res. 10:1-5.

Jansson, J.A.(2007). Disfunção endotelial na resistência à insulina e diabetes tipo 2. J. Internal Medicine.262(2): 173-183.

Javid, A., Muneer, A. M. , Ashraf,M., Rashid, R., Rafiq, A., Ashfaq, A., Dawood ,S. (2011). Prevalência de Diabetes Mellitus e seus fatores de risco associados na faixa etária de 20 anos ou mais em Caxemira, Índia. Al. Ameen J. Med. Sci. 4 (1):38 -44.

Jensen, M.D.(2008). O papel da distribuição da gordura corporal e as complicações metabólicas da obesidade. J Clin. Endocrinol. Metab.93:S57-S63.

Johnson, E.S., Chandarmohan, M., Thiyagar Jan, A.T., Manian, P.T.K.S., Ayyappan, A.(1979). Prevalence of diabetes mellitus in West Bengal. J. Diabetic Association India, 19: 97.

Juan, C.C., Kan, L.S., Huang, C.C., Chen, S.S., Ho, L.T., Au, L.C.(2003).Produção e caraterização de resistina recombinante bioactiva em Escherichia coli. J. Biotechnol. 103(2):113-7.

Kadowaki Yamauchi, T.(2005). Adiponecti ,T. e Adiponectin   e nreceptores. Endocr. Rev.26:439-451.
Kadowaki Yamauchi, T., Kubota, N., Hara,
,T., K.,Ueki, K., Tobe,K.(2006). Adiponectina e receptores de adiponectina na resistência à insulina, diabetes e síndrome metabólica. J. Clin. Invest. 116: 1784- 1792.

Kahn, S. E., Hull, R. L. & Utzschneider, K. M.(2006). Mechanisms linking obesity to insulin resistance and type 2 diabetes. Nature, 444: 840-846.

Kalderon, B., Mayorek, N., Berry, E., Zevit, N., Bar-Tana, J. (2000). Ciclo de ácidos gordos no rato em jejum. Am. J. Physiol. Endocrinol. Metab. 279:E221-E227.

Karam, J.G., McFarlane, S.I.(2010). Combater a obesidade: novos agentes terapêuticos para a perda de peso assistida. Diabetes Metab. Syndr. Obes. 3: 95-112.

Kershaw, E.E. e Flier, J.S,(2005). "Adipose tissue, adipokines, and inflammation," Journal of Allergy and Clinical Immunology, 115: 911 - 919.

Kershaw,E.E. e Flier, J. S.(2005). "Adipose tissue, adipokines, and inflammation," Journal of Allergy and Clinical Immunology, 115: 911 - 919.

Kershaw. E.E., Flier, J.S.(2004). O tecido adiposo como órgão endócrino. J. Clin. Endocrinol. Metab. 89:2548-2556.

Kim, J.Y., Van. De. Wall, E., Laplante, M., Azzara, A., Trujillo, M.E., Hofmann, S.M., Schraw, T., Durand, J.L., Li, H., Li, G., Jelicks, L.A., Mehler, M.F., Hui, D.Y., Deshaies, Y., Shulman, G.I., Schwartz, G.J., Scherer, P.E.(2007). Melhorias no perfil metabólico associadas à obesidade através da expansão do tecido adiposo. J. Clin. Invest. 117(9):2621-37.

Kim, J.A., Montagnani, M., Koh, K.K., Quon, M.J.(2006). Reciprocal relationship between insulin resistance and endothelial dysfunction: molecular and pathophysiologicalmechanisms. Circulation 113: 1888-1904.

Kissebah, A.H., Sonnenberg, G.E., Myklebust, J., Goldstein, M., Broman, K., James, R.G., Marks, J.A., Krakower, G.R., Jacob, H.J., Weber, J., Martin, L., Blangero, J., Comuzzie, A.G(2000). Quantitative trait loci nos cromossomas 3 e 17 influenciam os fenótipos da síndrome metabólica. Proc.Natl. Acad. Sci. U S A.97 :14478 - 14483.

Kloting, N., Stumvoll, M., Bluher, M.(2007). [A biologia da gordura visceral]. Internist(Berl),48: 126- 133.

Ko, C.W., Lee, S.P. (2004). Obesidade e doença da vesícula biliar. In: Bray GA, Bouchard C, James WP, eds. Hand book of obesity: etiology and pathophysiology. Nova Iorque, Marcel Dekker, 2ª ed., 919-934.

Kobayashi, M., Iwata, M., Haruta, T.(2000). Avaliação clínica da pioglitazona.
Nippon Rinsho,58:395-400.

Kumada, M., Kihara, S., Sumitsuji, S., Kawamoto, T., Matsumoto, S., Ouchi, N., Arita, Y., Okamoto, Y., Shimomura, I., Hiraoka, H., Nakamura, T., Funahashi, T., Matsuzawa, Y.(2003). Arterioscler. Thromb. Vasc. Biol. 23: 85- 89.

Kusminski, C.M., McTerna, P.G., Kumar, S.(2005). Role of resistin in obesity, insulin resistance and type II diabetes. Clinical Science, 109: 243256.

Kuzmicki, M., Telejko, B., Szamatowicz, J., Zonenberg, A., Nikolajuk, A., Kretowski, A., et al. (2009).High resistin and interleukin-6 levels are associated with gestational diabetes mellitus. Gynecol. Endocrinol. 25:258-263.

Lafontan,M. e Berlan,M.(2003). "Será que as diferenças regionais na biologia dos adipócitos fornecem novas perspectivas fisiopatológicas?" Tendências em Ciências Farmacológicas, 24(6): 276-283.

Lago, F., Dieguez, C., Gomez-Reino, J., Gualillo, O.(2007). O papel emergente das adipocinas como mediadores da inflamação e das respostas imunitárias. Cytokine & Growth Fator Reviews .18 :313-325.

Lara-Castro, C., Luo, N., Wallace, P., Klein, R.L., Garvey, W.T. (2006).Adiponectin multimeric complexes and the metabolic syndrome trait cluster. Diabetes.55(1):249-59.

Larsen, C. M., Faulenbach, M., Vaag,A.(2007). "Antagonista do recetor de interleucina-l no diabetes mellitus tipo 2", New England Journal of Medicine, 356 (15): 1517-1526.

Lee, J.H., Chan, J.L., Yiannakouris, N., Kontogianni, M., Estrada, E., Seip, R., et al. (2003).Os níveis de resistina circulante não estão associados à obesidade ou à resistência à insulina em humanos e não são regulados pelo jejum ou pela administração de leptina: estudos transversais e de intervenção em indivíduos normais, resistentes à insulina e diabéticos. J.Clin Endocrinol. Metab. 88:4848-4856.

Lee, Y.Y., Lee, N.S., Cho, Y.M., et al.(2005). Estudo de associação genética dos polimorfismos da adiponectina com o risco de diabetes mellitus tipo 2 na população coreana. Diabet. Med.22(5):569-575.

Leonid, P. (2009). Princípios da diabetes mellitus . Nova Iorque (2.ª ed.), Springer, 3. 978-0-387-09840-1.

Levine, R.(1982). Insulin: The Effects and Mode of Action of the Hormone (Insulina: Efeitos e Modo de Ação da Hormona). Vitaminsandhormones,39: 1982, 145-173.
Li, L.L., Kang, X.L., Ran, X.J., Wang, Y., Wang, C.H., Huang, L., Ren, J., Luo, X., Mao, X.M.(2007). Associações entre o polimorfismo 45T/G do gene da adiponectina e os níveis plasmáticos de adiponectina com diabetes tipo 2. Clin. Exp. Pharmacol. Physiol. 34(12):1287-90.

Li, Y., Li, X., Shi,L., Yang,M., Yang, Y., Tao, W., Shi, L., Xiong, Y., Zhang, Y., Yao, Y.(2011). Associação da adiponectina SNP+45 e SNP+276 com diabetes tipo 2 em populações chinesas Han: uma meta-análise de 26 estudos de controlo de casos. PLoS One, 6(5):

Li,P., Jiang,R., Li,L., Liu, C., Yang,F., Qiu,Y.(2015).
    Correlação do soro

adiponectina e o polimorfismo do gene da adiponectina com a síndrome metafólica em adolescentes chineses. Jornal Europeu de Nutrição Clínica. 69, 62-67.

Liao, Z., Chen, X., Wu, M.(2010). Efeito antidiabético das flavonas de Cirsium japonicum KDC em ratos diabéticos. Arch Pharm Res, 33:353-62.

Low, C.F., Mohd Tohit, E.R., Chong, P.P., Idris, F.(2011). A adiponectina SNP45TG está associada à diabetes mellitus gestacional. Arch. Gynecol. Obstet. 283(6):1255-60.

Maeda, N., Takahashi,M., Funahashi,T., Kihara, S.,Nishizawa,H., Kishida,K.,H., M., Komuro, R., Ouchi, N., Kuriyama, H.,Nagaretani, Matsuda, Hotta,K.,T., I.,Matsuzawa, Y.(2001). PPAR gamma Nakamura, Shimomura, Os ligandos aumentam a expressão e as concentrações plasmáticas de adiponectina, uma proteína derivada do tecido adiposo. Diabetes. 50(9):2094-9.

Maffei, M., Halaas, J., Ravussin, E., Pratley, R.E., Lee, G.H., Zhang, Y., Fei, H., Kim, S., Lallone, R., Ranganathan, S.(1995). Níveis de leptina em humanos e roedores: medição da leptina plasmática e do ARN-ob em indivíduos obesos e com peso reduzido. NatMed.1(11):1155-61.

Mahajan, A., Sharma, S., Manoj, K. D., Rameshwar, N. K. B.(2013).Factores de risco da diabetes tipo 2 na população de Jammu e Caxemira, Índia. J. Biomed. Res. 27(5):372-9.

Makoto, D.,Toshihide, O.,Tamotsu, S., Kameda W., Akihiko, H.,Hiroshi, Y.,Hiroshi, O.,Masahiko, I., Makoto, T., Takeo, K.(2003). A diminuição dos níveis séricos de adiponectina é um fator de risco para a progressão para a diabetes tipo 2 na população japonesa. Diabetes Care. 26(7):2015-20.

Manson, J.E., Willett, W.C., Stampfer, M.J., Colditz, G.A., Hunter, D.J., Hankinson, S.E., Hennekens, C.H., Speizer, F.E. (1995). Body weight and mortality among women (Peso corporal e mortalidade entre as mulheres). N. Engl .J .Med, 333:677-685.

Masuzaki, H., Ogawa, Y., Isse, N., Satoh, N., Okazaki, T., Shigemoto, M., Mori, K., Tamura, N., Hosoda, K., Yoshimasa, Y., Jingami, H., Kawada, T., Nakao, K.(1995). Human obese gene expression:adipocyte-specific expression and regional differences in the adipose tissue. Diabetes, 44: 855-858.

Mather, K.J., Christophi, C.A., Jablonski, K.A., Knowler, W.C., Goldberg, R.B., Kahn, S.E., et al.(2012).Variantes comuns nos genes que codificam a adiponectina (ADIPOQ) e seus receptores (ADIPOR1/2), concentrações de adiponectina e incidência de diabetes no Programa de Prevenção de Diabetes. Diabet. Med. 9(12):1579-88.

Maury, E., Brichard, S.M.(2010). Desregulação das adipocinas, inflamação do tecido adiposo e síndrome metabólica. Mol Cell Endocrinol 15-1-2010; 314: 1-16.

Mealey, B., Oates, T.(2006).Diabetes Mellitus e Doenças Periodontais, Journal ofPeriodontology Online ;77(8):1289-1303.

Meier, U., Gressner, A.M.(2004).Endocrine regulation of energy metabolism: review of pathobiochemical and clinical chemical aspects of leptin, ghrelin, adiponectin, andresistin. Clin.Chem.50(9):1511-25.

Menzaghi, C., Trischitta, V., Doria, A.(2007). Genetic influences of adiponectin on insulin resistance, type 2 diabetes, and cardiovascular disease. Diabetes. 56(5):1198-209.

Menzaghi, C.,, Ercolino,T., Paola D.R., Anders,H.. Berg., James, H. W., Philipp, E. S., Vincenzo,T., Alessandro, D. A. (2002). O haplótipo no locus da adiponectina está associado à obesidade e a outras caraterísticas da síndrome de resistência à insulina.

Diabetes, 51(7): 2306.

Merlotti, C., Morabito, A., Pontiroli, A.E.(2014). Prevenção do diabetes tipo 2; uma revisão sistemática e meta-análise de diferentes estratégias de intervenção. Diabetes, Obesidade e Metabolismo. 16:(8)719-727.

Miguel, C., Rebeca, G. M., Yolanda, G.V., Margarita G., Rafael, M.N., Genoveva D., Niels W., Jesus, K. (2004). Baixos níveis de adiponectina predizem diabetes tipo 2 em crianças mexicanas. Diabetes Care. 27(6): 14511453.

Minokoshi, Y., Kim, Y.B., Peroni, O.D., Fryer, L.G., Muller, C., Carling, D. (2002). A leptina estimula a oxidação de ácidos gordos através da ativação da proteína quinase activada por AMP.
Nature.415: 339-343.

Mohammadzadeh,G et al.,(2009). Associations Between Single-Nucleotide Polymorphisms of the Adiponectin Gene, Serum Adiponectin Levels and Increased Risk of Type 2 Diabetes Mellitus in Iranian Obese Individuals. Scand. J. Clin. Lab. Invest. 69 (7): 764-771. 2009.

Mohan, D., Raj, D., Shanthirani, C.S., Datta, M., Unwin, N.C., Kapur, A., Mohan, V.(2005).

Awareness and knowledge of diabetes in Chennai - the Chennai Urban Rural Epidemiology Study [CURES-9]. J. Assoc. Physicians India, 53:283-7.

Momin,A.A.,Bankar,M.P.,. Bhoite,G.M.(2016). Associação de polimorfismos de nucleotídeo único do gene da adiponectina com diabetes mellitus tipo 2 e sua influência nos marcadores de risco cardiovascular. Jornal Indiano de Bioquímica Clínica.1-5.

Montague, C.T., Farooqi, I.S.,Whitehead, J.P., Soos, M.A.,Rau, H., Wareham, N.J.,Sewter, C.P., Digby, J.E.,Mohammed, S.N., Hurst, J.A.,Cheetham, C.H., Earley, A.R.,Barnett, A.H., Prins, J.B.,O·Rahilly, S.(1997). Congenital leptin deficiency is associatedwith severe early-onset obesity in humans. Nature, 387:903-908.

Morash, B.A., Willkinson, D., Wilkinson, M.(2002). Resistin expression and regulation in mouse pituitary. FEBS. Lett. 526:26-30.
Estudo multicêntrico: UK perspective diabetes study IV (1988). Caraterísticas dos doentes diabéticos de tipo 1 recentemente apresentados. Preponderância masculina e obesidade em diferentes idades". Diabetic Med. 5: 154. 19.

Nakano,Y., Tobe, T., Choi-Miura, N. H., Mazda, T., Tomita, M.(1996). Isolamento   e caraterização da GBP28, uma nova proteína de ligação à gelatina purificada a partir do plasma humano. J. Biochem. 120:803-812.

Nakazato, M.,Y.,M.,H.,Murakami,N., Date, Kojima, Matsuo,Kangawa,K., Matsukura,   rol regulation S.(2001). A e para a grelina na central   de alimentação. Nature .409:194198.
Nannipieri, M., Posadas, R., Bonotti, A., et al.(2006). O polimorfismo da região 3'-untranslated do gene do recetor da leptina, mas não o polimorfismo SNP45 da adiponectina, prevê a diabetes tipo 2. Diabetes Care.29:2509- 2511.

Narayan, K.M.V., Edward, W., Gregg, Michael, M., Engelgau, Bernice, M., Theodore, J., Thompson, David, F., Williamson, Frank, V. (2000). Translation Research for Chronic Disease The case of diabetes. Diabetes Care, 23(12):

Centro Nacional de Informação sobre a Diabetes (National Diabetes Information Clearing House-NDIC- NIH). Instituto Nacional de Diabetes e Doenças Digestivas e Renais.

Relatório Nacional de Estatísticas da Diabetes, 2014. Estimativas de Diabetes e sua carga nos

Estados Unidos.

Inquérito Nacional de Saúde e Nutrição (2012). Centro de Controlo de Doenças e Drogas.

Nedergaard, J., Connolly, E., Cannon, B. (1986). Brown adipose tissue in the mammalian neonate.In: Brown Adipose Tissue, editado por P Trayhurn e DGNicholls. London: Arnold, 152-213.

Neill , S.U.(2010). "Leaping for leptin: o Prémio de Investigação Médica Básica Albert Lasker 2010 vai para Douglas Coleman e Jeffrey M. Friedman. Journal ofClinical Investigation. 120 (10): 3413-3418.

Nogueiras, R., Gallego, R., Gualillo, O., Caminos, J.E., Garcia-Caballero, T., Casanueva, F.F.,et al.(2003). Resistin is expressed in different rat tissues and is regulated in a tissue- and gender-specific manner. FEBS Lett. 548:21-27.

Ohashi, K., Ouchi, N., Matsuzawa, Y.(2012).Anti-inflammatory and antiatherogenic properties ofadiponectin. Biochimie. 94(10):2137-42.

Olson ,C.N., Callas, W.P., Hanley, A.J.G., Festa, A., Haffner, S.M., Wagenknecht, L.E., Tracy, R.P.(2012). Os níveis circulantes de TNF estão associados à tolerância à glicose diminuída, ao aumento da resistência à insulina e à etinicidade: O estudo da aterosclerose por resistência à insulina. J. Clin. Endocrinol. Metab. 97:1032-1040.

Oral, E.A., et al.(2002). Leptin-replacement therapy for lipodystrophy (Terapia de substituição da leptina para lipodistrofia). The New Englandjournal ofmedicine. 346:570-578.

Arner,P.(2005).ʻTnsulin resistance in type 2 diabetes: role of the adipokines," Current Molecular Medicine, 333-339.

Pajvani, U.(2003). Estudos de estrutura-função do hormônio secretado por adipócitosAcrp30⁄adiponectina. J.B.C.278(11):9073-9085.

Pannacciulli, N., Cantatore, F.P., Minenna, A., Bellacicco, M., Giorgino, R., De pergola, G.(2001). A proteína C-reactiva está independentemente associada à gordura corporal total e à resistência à insulina em mulheres adultas. Int. J. Obesity.25:1461-1420.

Parillo, M., Riccardi, G.(2004). A composição da dieta e o risco de diabetes tipo 2: evidências epidemiológicas e clínicas. Br J Nutr ,92: 7-19.

Pasinettig, M., Wwanq, J., Porter, S., e Lap H.(2011). Caloric Intake, Dietary Lifestyles, Macronutrient Composition, and Alzheimer' Disease Dementia, Int. J. Alzheimers Dis. 11:206-293.

Pelleymounter, M.A., Cullen, M.J., Baker, M.B., Hecht, R.,Winters, D., Boone, T.,Collins, F.(1995).Effects of the obese gene product on body weight regulation in ob/ob mice. Science .269: 540-543.

Pengelly C.D. e Morris J. (2009). "Índice de massa corporal e distribuição do peso", Scottish Medical Journal, 54(3):17-21.

Petersen, K.F., et al.(2002). A leptina reverte a resistência à insulina e a esteatose hepática em pacientes com lipodistrofia grave. J. Clin. Invest.109:1345- 1350.

Pradeepa, R., e Mohan, V.(2002). Review The changing scenario of the diabetes epidemic: implications for India. Indian J. Med. Res. 116:121-32.

Prakash, J., Balraj, M., Shally A., Neena, S. (2015). Associação do polimorfismo do gene da adiponectina com os níveis de adiponectina e risco para a síndrome de resistência à insulina. Int. J. Prev Med. 6: 31.

Qatanani, M. e Lazar, M.A.(2007). Mechanisms of obesity-associated insulin resistance: many choices on the menu.Genes Dev. 21:1443-1455.

Qi, Q., Wang, J., Li, H., Yu, Z., Ye, X., Hu, F.B., Franco, O.H., Pan, A., Liu, Y., Lin, X.(2008). Associações da resistina com marcadores inflamatórios e fibrinolíticos, resistência à insulina e síndrome metabólica em chineses de meia-idade e idosos. Eur. J. Endocrinol. 159(5):585-93.

Rabe,K., Lehrke, M., Parhofer, K.B.,e Broedl.U.(2008).Adipokines and InsulinResistance. MolecularMedicine, 14(11-12):741-751.

Rajala, M.W.,Qi, Y.,Patel, H.R.,Takahashi, N.,Banerjee, R.,Pajvani, U.B.,Sinha, M.K.

,Gingerich, R.L.,Scherer, P.E.,Ahima, R.S.(2004).Regulation of resistin expression and circulating levels in obesity, diabetes, and fasting. Diabetes, 53: 1671-1679.

Ramachandran, A., Snehalatha, C., Baskar, A.D., Mary, S., Kumar, C., Selvam,K., Catherine S., Vijay, V.(2004). Alterações temporais na prevalência da diabetes e da tolerância à glucose diminuída associadas à transição do estilo de vida que ocorre na população rural da Índia. Diabetologia, 47(5):860-5.

Ramya, K. (2013). Associação genética de variantes do geneADIPOQ com diabetes tipo 2, obesidade e níveis séricos de adiponectina na população do sul da Índia. Gene, 532: 253-262. Randle, P.J., Garland, P.B., Hales, C.N., Newsholme, E.A.(1963). The glucose fatty acid cycle: its role in insulin sensitivity and the metabolic disturbances of diabetes mellitus. Lancet,1:785-789.

Rasouli, N. e Kern, P.A.(2008). Adipocytokines and the metabolic complications of obesity (Adipocitocinas e as complicações metabólicas da obesidade). J. Clin. Endocrinol. Metab. 93: S64-S73.

Ratziu, V., Giral, P., Charlotte, F., Bruckert, E., Thibault, V., Theodorou, I., Khalil, L., Turpin, G., Opolon, P., Poynard. (2000). Fibrose hepática em pacientes com excesso de peso. Gastroenterology, 118:1117-1123.

Renaldi, O., Pramono, B., Sinorita, H., Purnomo, L.B., Asdie, R.H., Asdie, A.H.(2009). Hipoadiponectinemia: um fator de risco para a síndrome metabólica. Ata Med. Indonésia, 41(1):20-4.

Rizk, N., Sharif, E.A., Baloochi, S.M., Rahman, Pour. A.(2012). A associação do polimorfismo do gene da adiponectina com o diabetes mellitus gestacional: O papel das variantes rs1501299 e rs2241766. Fórum Anual de Investigação da Fundação do Qatar.

Robert, H. E., Steven, E. K., Ele, F., Allison, B., Goldfine, David, M. N. Michael, W. S., Robert, J. S., Steven, R, S. (2011). Obesidade e Diabetes Tipo 2: O que pode ser unificado e o que precisa ser individualizado? Diabetes Care , 34(6): 1424-1430.

Rocchini, A.P. (2004). Obesidade e regulação da pressão arterial. In: Bray GA, Bouchard C,

James WP, eds. Handbook of obesity: etilogy and pathophysiology. New York: Marcel Dekker, 2ª ed. 873-897.

Rodriguez, V.M., Macarulla, M.T., Echevarria, E., Portillo, M.P. (2003).Lipólise induzida pela leptina no tecido adiposo de ratos de diferentes localizações anatómicas. Eur. J. Nutr., 42: 149-153.

Rosen, E.D. e Spiegelman, B.M. (2006).Adipocytes as regulators of energy balance and glucose homeostasis. Nature. 444:847-853.

Ruchat, S.M., Loos, R.J., Rankinen, T., Vohl, M.C., Weisnagel, S.J., Despres, J.P.(2008). Associações entre tolerância à glucose, sensibilidade à insulina e fenótipos de secreção de insulina e polimorfismos nos genes da adiponectina e do recetor da adiponectina no Quebec Family Study. Diabet. Med., 25: 400-406. S.M., A.,A.H.,Sadikot, Nigam, Das, S., Bajaj, S., Zargar, Prasannakumar, K.M., Sosale, A., C., V.,S.K., Jamal, A., Munichoodappa, Seshiah,Singh, Sai,K., Sadasivrao, Y., Murthy, S.S., Hazra, D.K., Jain, S., Mukherjee, S., Bandyopadhay, S., N.K., R., M., Jena, B., Patra, P., Goenka,Sinha, Mishra, Dora, K.(2004). The burden of diabetes and impaired glucose tolerance in India using the WHO 1999 criteria: prevalence of diabetes in India study (PODIS). Diabetes Res. Clin. Pract.

66(3):301-7. Sahu, A.(2004). Leptin signaling in the hypothalamus: emphasis on energy homeostasis and leptin resistance. Front. Neuroendocrinol. 24:225-253.

Saltiel, A.R. e Kahn, C.R. (2001). Insulin signalling and the regulation of glucose and lipid metabolism (Sinalização da insulina e regulação do metabolismo da glicose e dos lípidos). Nature, 414:799-806.

Sanchez-Corona, J., Flores-Martinez, S.E., Machorro-Lazo, M.V. (2004). Polimorfismos em genes candidatos para diabetes mellitus tipo 2 numa população mexicana com achados de síndrome metabólica. Diabetes Res. Clin. Prac. 63, 47-55.

Sartipy, P e Loskutoff, D.J.(2003). Monocyte chemoattractant protein 1 in obesity and insulin resistance. Proc. Natl. Acad. Sci. USA. 100:72657270.

Sato, N.,Kobayashi, K.,Inoguchi, T.,Sonoda, N.,Imamura, M.,Sekiguchi, N.,Nakashi ma, N.,Nawata,H.(2005).Adenovirus-mediated high expression ofresistin causes dyslipidemia in mice. Endocrinology. 146 :273-279.

Sattar, N., Wannamethee, G., Sarwar, N., Tchernova, J., Cherry, L., Wallace, A.M., Danesh, J., Whincup, P.H.(2006). Adiponectin and coronary heart disease: a prospective study and meta-analysis. Circulation. 114: 623- 629.

Sauvanet, J.P.(2003). "Congresso da Federação Internacional de Diabetes (IDF-Paris 2003)", La Presse Medicale, 32, pp. 1864-1868, 2003.

Savage, D.B., Sewter, C.P., Klenk, E.S., Segal, D.G., Vidal-Puig, A., Considine, R.V., et al. (2001).Resistin/Fizz3 expression in relation to obesity and peroxisome proliferator-activated recetor-gamma action in humans. Diabetes. 50:2199-2202.

Savage, D.B., Petersen, K.F., Shulman, G.I.(2007). Metabolismo lipídico desordenado e a patogénese da resistência à insulina. Physiol. Rev. 87(2):507-20.

Schelbert, K.B.(2009). "Comorbidades da obesidade". Cuidados primários, 36(2): 271-285.

Scherer, P.E., Williams, S., Fogliano,   M., Baldini, G., Lodish,   nove
H.F.(1995). A   1
proteína sérica semelhante à C1q, produzida exclusivamente em adipócitos. J.   Biol. Chem.270:26746-26749.

Schinke, T., Haberland, M., Jamshidi, A., Nollau, P., Rueger, J.M., Amling, M. (2004). Clonagem e caraterização funcional da molécula gamma semelhante à resistina. Biochem. Biophys. Res. Commun. 314:356-362.

Schraw, T., Wang, Z.V., Halberg, N., Hawkins, M., Scherer, P.E.(2008). Os complexos de adiponectina no plasma têm caraterísticas bioquímicas distintas. Endocrinology, 149(5): 2270-82.

Schwartz, M.W., Seeley,R.J., Campfield, L.A., Burn, P.,and Baskin,D.G. (1996).Identification oftargets of leptin action in rat hypothalamus. J. Clin. Invest. 98(5): 1101-1106.

Seidell, J.C., Verschuren, W.M., Van, L. E.M., Kromhout, D. (1996). Excesso de peso, falta de peso e mortalidade. Um estudo prospetivo de 48.287 homens e mulheres. Arch Intern Med. 156:958-63.

Shaw, J.E., Sicree, R.A., Zimmet, P. Z. (2010). Estimativas globais da prevalência de diabetes para 2010 e 2030. Diabetes Res. Clin. Pract. 87(1):4-14.

Sheng, C.H., Di, J., Jin, Y., Zhang, Y.C., Wu, M., Sun, Y., et al.(2008). A resistina é expressa em hepatócitos humanos e induz resistência à insulina. Endocrine.33:135- 143.

Shimomura, I., Hammer, R.E., Ikemoto, S., Brown, M.S., Goldstein, J.L.(1999). Leptin reverses insulin resistance and diabetes mellitus in mice with congenital lipodystrophy. Nature. 401:73-76.

Shimomura, I., Hammer, R.E., Richardson, J.A., Ikemoto, S., Bashmakov, Y., Goldstein, J.L., Brown, M.S.(1998). Resistência à insulina e diabetes mellitus em ratinhos transgénicos que expressam SREBP-1c nuclear no tecido adiposo: modelo para lipodistrofia generalizada congénita. Genes Dev. 12(20):3182-94.

Shintani, M., Ogawa, Y., Ebihar,a K., Aizawa-Abe, M.,Miyanaga, F., Takaya, K.,Hayashi, T., Inoue, G.,Hosoda, K., Kojima, M.,Kangawa, K., Nakao, K.G.(2001). Um secretagogo endógeno do hormônio do crescimento, é um novo peptídeo orexígeno que antagoniza a ação da leptina através da ativação da via do recetor do neuropeptídeo Y/Y1 hipotalâmico.Diabetes .50: 227-232.

Sicree, R., Shaw, J.E., Zimmet, P.Z.(2003). The global burden of diabetes. In: Gan D, ed. Diabetes Atlas, 2nd edn. Bruxelas: Federação Internacional de Diabetes,15-7.

Silha, J.V., Krsek, M., Skrha, J.V., Sucharda, P., Nyomba, B.L., Murphy, L.J. (2003). Níveis plasmáticos de resistina, adiponectina e leptina em indivíduos magros e obesos: correlações com a resistência à insulina. Eur.J. Endocrinol. 149: 331335.

Skalicky, J., Muzakova, V., Kandar, R., Meloun, M., Rousar, T., Palicka, V.(2008). Avaliação do stress oxidativo e da inflamação em adultos obesos com síndrome metabólica. Clin. Chem. Lab. Med. 46:499-505.

Skurk, T., Alberti-Huber, C., Herder, C., Hauner, H.(2007). Relação entre o tamanho dos adipócitos e a expressão e secreção de adipocinas. J. Clin. Endocrinol.Metab.92: 1023- 1033.

Snijder, M.B., Heine, R.J., Seidell, J.C., Bouter, L.M., Stehouwer, C.D., Nijpels, G., Funahashi, T., Matsuzawa, Y., Shimomura, I., Dekker, J.M.(2006). Associações de níveis de adiponectina com metabolismo de glicose prejudicado incidente e diabetes tipo 2 em homens e mulheres mais velhos: o estudo Hoorn. Diabetes Care. 29: 2498- 2503.

Sobhani, I.,Bado, A.,Vissuzaine, C.,Buyse, M.,Kermorgant, S., Laigneau, J.P., Attoub, S., Lehy, T., Henin, D., Mignon, M., Lewin, M.J.(2000).Leptin secretion and leptin recetor in the human stomach. Gut .47:178-183.

Sovik,O., Vestergaard,H., Trygstad,O., Pedersen.O.(1996). Estudos da insulina na lipodistrofia generalizada congénita. Ata Paediatrica.85(413): 29-38.

Stapleton, P.A., James, M.E., Goodwill, G.A., Frisbee, J.C. (2008). Obesidade e disfunção vascular. Pathophysiology. 15(2):79-89.

Steppan, C.M., Bailey, S.T., Bhat, S., Brown, E.J., Banerjee, R.R., Wright, C.M., Patel, H.R., Ahima, R.S., Lazar, M.A.(2001). A hormona resistina liga a obesidade à diabetes. Nature, 409: 307-312.

Stumvoll, Tschritter, O., Fritsche, A., H., Renn, W., M.,   Staiger,   Weisser, M.,   F., Haring, H.(2002). Associação do polimorfismo T-G de Machicao, o   em adiponectina (exão 2) com obesidade e sensibilidade à insulina: interação com história familiar de diabetes tipo 2. Diabetes,51(1):37-41.

Subramanian, V. e Ferrante, Jr. A. W.(2009). "Obesity, inflammation, and macrophages", Nestle Nutrition Workshop Series. Programa Pediátrico, 63: 151- 162;259-268.

Takahashi, M., Arita, Y., K., Matsukawa, Y., Okutomi, K., Yamagata,   Horie, M., Shimomura, I., Hotta, K., H., Kihara, S., Nakamura, T., Kuriyama,   Yamashita, 5.1, Funahashi, T., Matsuzawa, Y.(2000). Estrutura genómica e mutações no gene específico da adiposidade, adiponectina. Int. J. Obes. Rela. Metab. Disord. 24(7):861-8.

Takeda, S., Elefteriou, F., Levasseur, R., Liu, X., Zhao, L.,Parker, K.L., Armstrong, D.,Ducy, P., Karsenty, G.(2002). Leptin regulates bone formation via the sympathetic nervous system.

Cell .111: 305-317.

Takhshid,M.A., Zinab, H., Aboualizadeh,F.(2015). A associação da adiponectina circulante e + 45 T / G polimorfismo do gene da adiponectina com diabetes mellitus gestacional na população iraniana. Journal of Diabetes & Metabolic Disorders.14:30.

Taksali, S.E., Caprio, S., Dziura, J., Dufour, S., Cali, A.M., Goodman, T.R., Papademetris, X., Burgert, T.S., Pierpont, B.M., Savoye, M., Shaw, M, Seyal AA, Weiss R.(2008). Armazenamentos elevados de gordura subcutânea visceral e abdominal baixa no adolescente obeso: um fator determinante de um fenótipo metabólico adverso. Diabetes.57: 367- 371.

Tan, M.S., Chang, S.Y., Chang, D.M., Tsai, J.C.R., Lee, Y.J. (2003). Associação do polimorfismo +62G-A da região 3-prime-untranslated do gene da resistina com a diabetes tipo 2 e a hipertensão numa população chinesa. J. Clin. Endocr. Metab., 88: 1258-1263.

O GRUPO DE ESTUDO DECODE (2003). Prevalências específicas por idade e sexo de diabetes e regulação deficiente da glucose em 13 coortes europeias. Diabetes Care,

26:61-69, 2003.

Tilg, H. e Moschen, A.R. (2008). Mecanismos inflamatórios na regulação da resistência à insulina. Mol. Med. 14:222-231.

Trayhurn, P. e Wood, I.S.(2004). Adipokines: inflammation and the pleiotropic role ofwhite adipose tissue. Br. J. Nutr. 92: 347-355.

Tsiotra, P.C., Tsigos, C., Anastasiou, E., Yfanti, E., Boutati, E., Souvatzoglou, E., et al. (2008). A expressão do ARNm da resistina das células mononucleares periféricas está aumentada em mulheres diabéticas de tipo 2. Mediators Inflamm.

Turer, A.T. and Scherer, P.E.(2012).Adiponectin: mechanistic insights and clinical implications. Diabetologia. 55(9):2319-26.

Tuttolomondo, A., La Placa, S., Di Raimondo, D., Bellia, C., Caruso, A., Lo Sasso, B., et al. (2010).Níveis plasmáticos de adiponectina, resistina e IL-6 em indivíduos com pé diabético e possíveis correlações com variáveis clínicas e co-morbilidade cardiovascular. Cardiovasc

Diabetol. 9:50.

Utzschneider, K.M., Carr, D.B., Tong, J., Wallace, T.M., Hull, R.L., Zraika, S., Xiao, Q., Mistry, J.S., Retzlaff, B.M., Knopp, R.H., Kahn, S.E.(2005). A resistina não está associada à sensibilidade à insulina ou à síndrome metabólica em humanos. Diabetologia. 48(11):2330-3.

Valet, P., Tavernier, G., Castan-Laurell, I. (2002) Compreender o desenvolvimento do tecido adijanlpose a partir de modelos animais transgénicos. J.Lip.Res.43(6):835-60.

Van Beek, E.A., Bakker, A.H., Kruyt, P.M., Hofker, M.H., Saris, W.H, Keijer, J.(2007). Variação intra e inter-individual na expressão de genes no tecido adiposo humano. Pflugers Arch,453: 851-861.

Van, H. V., Dicker, A., Ryden, M., Hauner, H., Lonnqvist, F., Naslund. E. et al.(2002).Aumento da lipólise e diminuição da produção de leptina por omental humano em comparação com pré-adipócitos subcutâneos. Diabetes; 51: 2029-2036.

Vasarova, C.B.M. e Hanson, R.L. (2003). Maior prevalência de diabetes tipo 2, síndroma metabólico e doenças cardiovasculares em ciganos do que em não ciganos na Eslováquia. Diabetes Res. Clin. Pract, 62: 95-103.

Vasseur, F., Helbecque, N., Dina, C.(2002). Os haplótipos de polimorfismo de nucleótido único no promotor proximal e no exão 3 do gene APM1 modulam os níveis da hormona adiponectina segregada pelos adipócitos e contribuem para o risco genético de diabetes tipo 2 em caucasianos franceses. Hum. Mol. Genet., 11(21):2607-2614.

Vidal, H. (2001). "Gene expression in visceral and subcutaneous adipose tissues." Annals ofMedicine, 33(8): 547-555.

Vionnet, N., Hani, E.H., Dupont, S., Gallina, S., Francke, S., Dotte, S., De Matos, F., Durand, E., Lepretre, F., Lecoeur, C., Gallina, P., Zekiri, L., Dina, C., Froguel, P.(2000). Pesquisa genómica de genes de suscetibilidade à diabetes de tipo 2 em brancos franceses: evidência de um novo locus de suscetibilidade à diabetes de início precoce no cromossoma 3q27-qter e replicação independente de um locus de diabetes de tipo 2 no cromossoma 1q21-q24. Am, J.

Hum. Genet. 67 :1470 -1480.

Vrachnis, N., Belitsos, P., Sifakis, S., Dafopoulos, K., Siristatidis, C., Pappa, K.I., Iliodromiti, Z. (2012).Role of adipokines and other inflammatory mediators in gestational diabetes mellitus and previous gestational diabetes mellitus. Int. J. Endocrinol. 549748, 1-12.

Vohl, M.C., Sladek, R., Robitaille, J. (2004). "A survey of genes differentially expressed in subcutaneous and visceral adipose tissue in men," .Obesity Research, 12(8):1217-1222.

Wajchenberg, B.L.(2000). Tecido adiposo subcutâneo e visceral: sua relação com a síndrome metabólica. Endocr. Rev. 21: 697-738.

Wallace, A.M., McMahon, A.D., Packard, C.J., Kelly, A., Shepherd, J., Gaw, A., Sattar, N.(2001). Plasma leptin and the risk of cardiovascular disease in the west of Scotland coronary prevention study (WOSCOPS).Circulation, 104(25):3052-6.

Wan, H., Nikolas, D., Archana, B., Gary, D., Lopaschuk, e Robert, M. O·D.(2006).Liver Triglyceride Secretion and Lipid Oxidative Metabolism Are Rapidly Altered by Leptin in Vivo.Endocrinology, 147:1480- 1487.

Wang, B., Wang, C., Wei, D., Zhang, J., He, H., Ma, M., Li, X., Pan, L., Xue, F., Jonasson, J.M., Shan, G.(2011). Um estudo de associação de SNP + 45 T> G do gene AdipoQ com diabetes tipo 2 em pessoas Yi e Han na China. Int. J. Vitam. Nutr. Res. 81(6):392-7.

Wang, H., Chen, D.Y., Cao, J., He, Z.Y., Zhu, B.P., Long, M.(2009). O nível elevado de resistina sérica pode ser um indicador da gravidade da doença coronária na síndrome coronária aguda. Chin. Med.Sci. J. 24:161-166.

Wang, Y.(2002). Hydroxylation and Glycosylation of the Four Conserved Lysine Residues in the Collagenous Domain of Adiponectin (Hidroxilação e Glicosilação dos Quatro Resíduos de Lisina Conservados no Domínio Colagénico da Adiponectina). J.B.C., 277(22): 19521-19529.

Wang, Z. e Nakayama, T. (2010). Inflammation, a link between obesity and cardiovascular disease. Mediators Inflamm.

Wang, Z., Wang, J., Chan, P. (2013). Tratamento do diabetes mellitus tipo 2 com ervas medicinais tradicionais chinesas e indianas. Complemento baseado em evidências Alternat Med, 343594.

Wannamethee , S.J., Tchernova,J., Whincup,P., Gordon, D.O. L. , Anne, K., Rumley,K., Michael,A. W., Naveed, S.(2007). Plasma leptin: Associações com factores de risco metabólicos, inflamatórios e hemostáticos para doenças cardiovasculares.

Atherosclerosis.191(2): 418-426.

Weinstein, A.R., Sesso, H.D., Lee, I.M., Cook, N.R., Manson, J.E., Buring, J.E. et al. (2004).Relationship of physical activity vs body mass index with type 2 diabetes in women. JAMA 8-9,292: 1188-1194.

Wei-Shiung ,Y.,Yi-Ching, Y.,Chi-Ling, C.,I-Ling, Wu.,Jin-Ying, L.,Feng-Hwa, L.,Tong-Yuan, T., e Chih-Jen, C.(2007). O SNP276 da adiponectina está associado à obesidade, à síndrome metabólica e à diabetes nos idosos. Am. J. Clin. Nutr.
86(2): 509-513.

Weyer, C., Funahashi, T., Tanaka, S., Hotta,K., Matsuzawa, Y., Pratley, R.E., Tataranni, P.A. (2001).Hypoadiponectinemia in obesity and type 2 diabetes: Associação estreita com resistência à insulina e hiperinsulinemia. J. Clin. Endocrinol. Metab. 86:1930-1935.

Consulta da OMS (1999). Definição, diagnóstico e classificação da diabetes mellitus e suas complicações. I. Diagnóstico e classificação da diabetes mellitus. Genebra, Organização Mundial de Saúde, 99:2.

OMS (2011). Utilização da hemoglobina glicada (HbA1c) no diagnóstico da diabetes mellitus

OMS(2016).Relatório global sobre a diabetes. Genebra, Organização Mundial de Saúde.

Wild, S., Roglic, G., Green, A., Sicree, R., King, H. (2004). Global prevalence of diabetes: estimates for the year 2000 and projections for 2030. Diabetes Care. 27:1047-1053.

Wozniak, S. E., Gee, L. L., Wachtel, M. S., Frezza, E. E. (2009). "Adipose tissue: the new endocrine organ? a review article," Digestive Diseases and Sciences, 54(9): 1847-1856.

Yajnik, C.S., Lubree, H.G., Rege, S.S. (2002). Adiposidade e hiperinsulinemia em indianos estão presentes no nascimento. J. Clin. Endocrinol. Metab. 87:5575 - 5580.

Yamamoto, S., Matsushita, Y., Nakagawa, T., Hayashi,T., Noda,M. Mizoue.T.(2014). Níveis de adiponectina circulante e risco de diabetes tipo 2 nos japoneses. Nutr. Diabetes. 4(8): e130.

Yang, R.Z., Huang, Q., Xu, A., McLenithan, J.C., Eisen, J.A., Shuldiner, A.R. (2003). Estudos comparativos da expressão e filogenómica da resistina em humanos e ratos. Biochem. Biophys. Res. Commun. 310:927-935.

Yangsoo,Y.J.,Jong, H. L., C. K.O., K.
Jey,   S. , Yoen, Jeong,S. , Young,
K., Hongkeun,C., Jong,E.L.,   . Associação 276G→
José,   M. O . 2005 de   o T
Polimorfismo do gene da adiponectina com factores de risco de doenças cardiovasculares em coreanos não diabéticos. American Society for Clinical Nutrition, 82(4): 760-67.

Yannakoulia, M., Yiannakouris, N., Bluher, S., Matalas, A.L., Klimis-Zacas, D., Mantzoros, C.S.(2003). Body fat mass and macronutrient intake in relation to circulating soluble leptin recetor, free leptin index, adiponectin, and resistin concentrations in healthy humans. J. Clin. Endocrinol. Metab. 88(4):1730-6.

Yiping, L., Xianli, L., Li, S., Man, Y., Ying, Y., Wenyu, T., Lei, S., Yuxin, X., Ying, Z., Yufeng, Y.(2011). Associação de Adiponectina SNP+45 e SNP+276 com Diabetes Tipo 2 em Populações Chinesas Han: A MetaAnalysis of 26 Case-Control Studies. 6(5): e19686.

Yukio, A., Shinji, K., Noriyuki O., Masahiko T., Kazuhisa,M., et al.(1999). Reimpressão de "diminuição paradoxal   de   um
            proteína específica do tecido adiposo, a adiponectina, em
obesidade".
Biochemical andbiophysical research communications.257: 79 -83.

Zabeau L.,Lavens D.,Peelman F.,Eyckerman S,.Vandekerckhove J.,Tavernier J. (2003).The ins and outs ofleptin recetor activation. FEBS Letters ,546: 45-50.

Zacharova, J., Chiasson, J.L., Laakso, M.(2005). Os polimorfismos comuns (polimorfismo de nucleótido único [SNP] +45 e SNP +276) do gene da adiponectina prevêem a conversão de tolerância à glucose diminuída para diabetes tipo 2: o ensaio STOP-NIDDM. Diabetes. 54(3):893-9.

Zargar, A.H., Khan, A.K., Masoodi, S.R., Laway, B.A., Wani, A.I., Dar, F.A. (2000).Prevalência de diabetes mellitus tipo 2 e tolerância à glucose diminuída no Vale de Caxemira do subcontinente indiano. Diabetes Res. Clin. Pract. 47: 35-46.

Zargar, A.H., Wani, A. A., Laway, B.A., Masoodi, S.R., Wani, A.I. (2008). Prevalência de diabetes mellitus e outras anomalias da tolerância à glucose em jovens adultos com idades compreendidas entre os 20 e os 40 anos no Norte da Índia (Vale de Caxemira). Diabetes Res. Clin. Pract. 82(2): 276-281.

Zargar, A.H., Wani, A. I., Masoodi, S. R., Bashir, M. I., Laway, B. A., Gupta, V. K.Wani, F. A. (2009). Mortality trends among people of Kashmir valley with diabetes Admitted to the tertiary care hospital (Sher-i- Kashmir Institute of Medical Sciences,Srinagar), Postgrad. Med. J. 85: 227- 32.

Zeyda, M. e Stulnig, T. M. (2007). "Adipose tissue macrophages," Immunology Letters, 112(2) 61-67.

Zhang, N., Shi, Y.H., Hao, C.F., Gu, H.F., Li, Y., Zhao, Y.R., Wang, L.C.,Chen, Z.J.(2008) Associação dos polimorfismos +45G15G(T/G) e +276(G/T) no gene ADIPOQ com a síndrome dos ovários poliquísticos em mulheres chinesas da etnia Han. Eur. J. Endocrinol. 2008 .158(2):255-60.

Zhang, Y., Proenca, R., Maffei, M., Barone, M., Leopold, L., Friedman, J.M. (1994). "Clonagem posicional do gene do rato obeso e do seu homólogo humano". Nature. 372 (6505): 425-32.

Zhu, C.F., Peng, H.B., Liu, G.Q., Zhang, F. Li, Y.(2010). Efeitos benéficos dos oligopeptídeos da pele do salmão marinho num modelo de diabetes tipo 2 em ratos. Nutrition,26:1014-20.

PRODUTOS QUÍMICOS E REAGENTES

QUÍMICOS:

NOME DO PRODUTO QUÍMICO *EMPRESA*

Nome do produto químico	Empresa
2-Propanol	*MERCK (P) LTD.*
8-Hidroxiquinolina	*CENTRAL DRUG HOUSE (P) LTD.*
Etanol absoluto	*PRODUTOS QUÍMICOS E FARMACÊUTICOS DE BENGALA LTD.*
Acetona	*LABORATÓRIOS GALAXO*
Acrilamida	*MERCK (P) LTD.*
Agarose	*MP BIOMEDICALS, SANTA ANA, CALIFÓRNIA.*
Cloreto de amónio	*CENTRAL DRUG HOUSE (P) LTD.*
Acetato de amónio	*CENTRAL DRUG HOUSE (P) LTD.*
Per sulfato de amónio	*MERCK (P) LTD.*
Bis-acrilamida	*MERCK (P) LTD.*
Azul de bromofenol	*PRODUTOS QUÍMICOS SARABHAIM*
Clorofórmio	*THOMAS BAKERS*
Água desionizada	*LABORATÓRIOS ALFA*
Brometo de etídio	*SRL, DIAGNOSTICS LTD.*
Acetato de etilo	*MERCK (P) LTD.*
Tetraacetato de etileno diamina	*LOBA CHEMIE*
Formaldeído	*LABORATÓRIOS GALAXO*
Ácido acético glacial	*MERCK (P) LTD.*
Glicerol	*MERCK (P) LTD.*
Glicina	*MERCK (P) LTD.*
Ácido clorídrico	*S D PRODUTOS QUÍMICOS FINOS*
Peróxido de hidrogénio	*MERCK (P) LTD.*
Álcool isoamílico	*CENTRAL DRUG HOUSE (P) LTD.*
Isopropanol	*THOMAS BAKERS*
Cloreto de magnésio	*MERCK (P) LTD.*
Metanol	*SARABHAI M CHEMICALS*
Fenol	*SRL, DIAGNOSTICS LTD.*
Acetato de potássio	*QUALGENS*
Bicarbonato de potássio	*QUALGENS*
Cloreto de potássio	*LOBA-QUÍMICA*

Hidróxido de potássio	*S D PRODUTOS QUÍMICOS FINOS*
Acetato de sódio	*PRODUTOS QUÍMICOS SARABHAIM*
Azida de sódio	*QUÍMICA LOBA*
Carbonato de sódio	*FIZMERCK*
Cloreto de sódio	*MERCK (P) LTD.*
Sulfato de sódio dodecílico	*MP BIOMÉDICOS*
Carbonato de hidrogénio de sódio	*LOBA-QUÍMICA*
Hidróxido de sódio	*HIMEDIA, LABORATÓRIOS LTD.*
Fosfato de sódio dibásico	*LOBA-QUÍMICA*
Bissulfato de sódio	*QUÍMICA LOBA*
Tiossulfato de sódio	*QUÍMICA LOBA*
Sacarose	*QUALGENS*
Ácido sulfúrico	*MERCK (P) LTD.*
TE buffer	*SRL, DIAGNOSTICS LTD.*
TEMED	*S D PRODUTOS QUÍMICOS FINOS*
Base Tris	*EMPRESA QUÍMICA SIGMA*
Tris HCL	*HIMEDIA, LABORATÓRIOS LTD.*
Tritão X100	*S D PRODUTOS QUÍMICOS FINOS*
Tween-20	*MERCK (P) LTD.*
Xileno cianol	*S D PRODUTOS QUÍMICOS FINOS*
β-mercaptoetanol	*MERCK (P) LTD.*

Membrana de difluoreto de polivinilo *Millipore, EUA* (PVDF)

Enzimas

Taqpolimerase	*FERMENTAS /BIOTOOLS, EUA*
ProteinaseK	*BIOTOOLS, EUA/ZYMO RESEARCH*
RNase H	*BIOTOOLS, USA/SIGMA ALDRICH LTD.*
Inibidores de Protease	*BIOTOOLS,PORTUGAL*

Reagentes para isolamento de ADN

Quick- g DNA™MiniPrep (SIGMA, EUA/ZYMO

INVESTIGAÇÃO).

Kit de extração   Tampão de armazenamento TE-DNA *EDTA 0,5 M*

1M Tris   0,5 ml
Água desionizada   49.5m

Modificação do ADN com bissulfito   *EZ DNA Methylation™Kit (ZYMO*

Reagentes para eletroforese em gel de agarose

50X TAE (pH 8,0) Stock δolução	Base Tris	242g
	0,5MEDTA	100 ml
	Ácido acético glacial	57.1m
	Água desionizada	1000m
Azul de bromofenol	Azul de Bromofenol	0.4g
	Sacarose	2g
	Água desionizada	100ml
Brometo de etídio	Brometo de etídio	10 mg
	Água desionizada	1 ml
Agarose 0,8%	Agarose	0.4g
	1XTAE-Bufer	50ml
	EtBr	10µl
Agarose 2,5%	Agarose	1.25g
	1XTAE tampão	50ml
	Brometo de etídio	10µl

Kits ELISA

Kit de adiponectina	Merck EUA
Kit Leptina International, Inc, EUA	DRG,
Kit de resistina R&d,Checo	Biovendor

Printed by Books on Demand GmbH, Norderstedt / Germany